轮式装载机三维重建模型与典型结构图册

储伟俊　何晓晖　主　编
代菊英　薛金红　王　硕　副主编

人民交通出版社股份有限公司
北　京

内 容 提 要

通过对轮式装载机整机及零部件进行三维模型重建，设计了一套教学培训彩色图册，包含整机外形图和传动系统、行驶系统、转向系统、制动系统、电气系统、液压系统、工作装置、动力系统及主要零部件的结构图、分解图、工作原理图等。本书图文并茂，选用三维渲染图形结合文字、符号等说明的编写形式，形象、直观，主题突出。

本书可作为相关专业学员及相关工程机械操作与维修人员的培训和辅导用书，也可作为工程和研究人员的参考书。

图书在版编目(CIP)数据

轮式装载机三维重建模型与典型结构图册 / 储伟俊，何晓晖主编. — 北京：人民交通出版社股份有限公司，2023.6

ISBN 978-7-114-18773-5

Ⅰ.①轮… Ⅱ.①储… ②何… Ⅲ.①轮胎式装载机—可视化仿真—结构—图集 Ⅳ.①TH243-64

中国国家版本馆 CIP 数据核字(2023)第 083774 号

Lunshi Zhuangzaiji Sanwei Chongjian Moxing yu Dianxing Jiegou Tuce

书　　名：	**轮式装载机三维重建模型与典型结构图册**
著 作 者：	储伟俊　何晓晖
责任编辑：	齐黄柏盈
责任校对：	刘　芹
责任印制：	张　凯
出版发行：	人民交通出版社股份有限公司
地　　址：	(100011)北京市朝阳区安定门外外馆斜街 3 号
网　　址：	http://www.ccpcl.com.cn
销售电话：	(010)59757973
总 经 销：	人民交通出版社股份有限公司发行部
经　　销：	各地新华书店
印　　刷：	北京印匠彩色印刷有限公司
开　　本：	880×1230　1/16
印　　张：	3.5
字　　数：	108 千
版　　次：	2023 年 6 月　第 1 版
印　　次：	2023 年 6 月　第 1 次印刷
书　　号：	ISBN 978-7-114-18773-5
定　　价：	35.00 元

(有印刷、装订质量问题的图书，由本公司负责调换)

Preface 前言

　　轮式装载机具有行驶速度快、作业效率高、可伴随机动的特点,目前应用广泛。某型轮式装载机技术含量高,结构复杂,培训难度较大。为了使学员和用户尽快掌握该机的性能特点、结构原理及维护技能,发挥其应有的效能,提高工程保障能力,编者针对该机开展了三维模型重建,结合系统组成和典型结构,设计与编写了本图册。

　　本图册由中国人民解放军陆军工程大学储伟俊、何晓晖担任主编,代菊英、薛金红、王硕担任副主编,中国人民解放军陆军工程大学周建钊、张详坡、邵发明、刘晴、周春华、蒋成明、张靖,陆军装备部驻重庆地区军事代表局刘卫军、曹巍,中国人民解放军 32184 部队李峰、田静,中国人民解放军 32228 部队杜毛强等人参与了设计与编写工作。由于编者水平有限,错误和不足之处恳请批评指正。

　　本图册的设计与编写工作得到了有关工程机械制造公司的支持,并参考了相关技术文献资料,在此一并表示感谢。

编　者

2023 年 4 月

Contents 目录

一、轮式装载机整机
图1　轮式装载机全貌／1
图2　轮式装载机组成／2

二、轮式装载机传动系统
图3　传动系统／3
图4　变矩器／4
图5　变矩器齿轮箱／5
图6　变矩器三联阀／6
图7　变矩器分解／7
图8　变速器／8
图9　变速器结构／9
图10　变速器分解(1)／10
图11　变速器分解(2)／11
图12　变速器工作原理／12
图13　变矩器变速器液压系统／13
图14　万向传动轴／14
图15　中间支承传动轴／15
图16　驱动桥／16
图17　驱动桥分解／17
图18　驱动桥差速器工作原理／18

三、轮式装载机行驶系统
图19　车架／19
图20　车架铰点与轮胎／20
图21　油气悬架系统／21

四、轮式装载机转向系统
图22　转向系统／22
图23　转向器分解／23
图24　转向器工作原理／24
图25　转向系统稳流阀／25
图26　转向油缸／26

五、轮式装载机制动系统
图27　制动系统／27
图28　制动钳／28
图29　加力器／29

六、轮式装载机电气系统图
图30　电气系统原理图／30

七、轮式装载机液压系统图
图31　液压系统原理图／31
图32　双联齿轮泵／32
图33　动臂油缸／33
图34　转斗油缸／34
图35　液控多路阀／35

八、轮式装载机工作装置
图36　工作装置／36

九、轮式装载机驾驶室与仪表
图37　驾驶室／37

十、轮式装载机动力系统
图38　柴油机外形／38
图39　柴油机结构／39
图40　柴油机配气机构／40
图41　柴油机曲轴连杆机构／41
图42　柴油机增压系统／42
图43　柴油机燃油系统／43
图44　柴油机燃油系统——喷油器／44
图45　柴油机PT泵／45
图46　柴油机PT泵分解／46
图47　柴油机冷却系统／47
图48　柴油机润滑系统／48

十一、轮式装载机润滑与维护
图49　轮式装载机润滑与维护／49

一、轮式装载机整机 | **图1** 轮式装载机全貌

右后视图

左前视图

图2 轮式装载机组成 | 一、轮式装载机整机

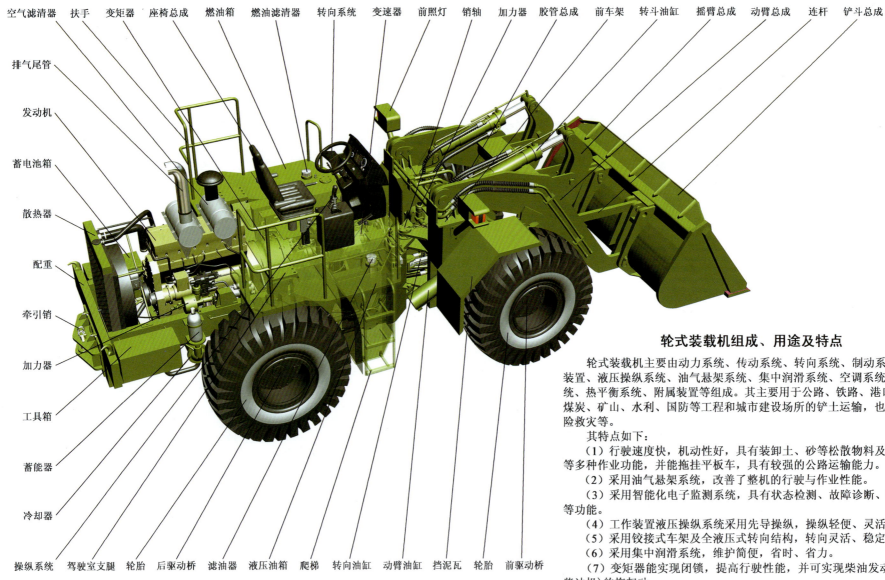

标注：空气滤清器、扶手、变矩器、座椅总成、燃油箱、燃油滤清器、转向系统、变速器、前照灯、销轴、加力器、胶管总成、前车架、转斗油缸、摇臂总成、动臂总成、连杆、铲斗总成、排气尾管、发动机、蓄电池箱、散热器、配重、牵引销、加力器、工具箱、蓄能器、冷却器、操纵系统、驾驶室支腿、轮胎、后驱动桥、滤油器、液压油箱、爬梯、转向油缸、动臂油缸、挡泥瓦、轮胎、前驱动桥

轮式装载机组成、用途及特点

轮式装载机主要由动力系统、传动系统、转向系统、制动系统、工作装置、液压操纵系统、油气悬架系统、集中润滑系统、空调系统、电气系统、热平衡系统、附属装置等组成。其主要用于公路、铁路、港口、码头、煤炭、矿山、水利、国防等工程和城市建设场所的铲土运输，也可用于抢险救灾等。

其特点如下：

（1）行驶速度快，机动性好，具有装卸土、砂等松散物料及抢修道路等多种作业功能，并能拖挂平板车，具有较强的公路运输能力。

（2）采用油气悬架系统，改善了整机的行驶与作业性能。

（3）采用智能化电子监测系统，具有状态检测、故障诊断、智能报警等功能。

（4）工作装置液压操纵系统采用先导操纵，操纵轻便、灵活。

（5）采用铰接式车架及全液压式转向结构，转向灵活、稳定可靠。

（6）采用集中润滑系统，维护简便、省时、省力。

（7）变矩器能实现闭锁，提高行驶性能，并可实现柴油发动机（简称柴油机）的拖起动。

（8）安装有液压动力输出接口、电源输出接口，拓展作业功能。

二、轮式装载机传动系统 | 图3 传动系统

传动系统动力传递路线

柴油机动力→变矩器→变矩器传动轴→变速器

→前桥传动轴→前驱动桥(主传动、差速器、半轴)→前轮边减速器→前桥车轮

→后桥传动轴→后驱动桥(主传动、差速器、半轴)→后轮边减速器→后桥车轮

俯视图

车轮　前桥传动轴　变速器　双变液压操纵系统　变矩器传动轴　后桥传动轴　变速器　后驱动桥　柴油机

轮边减速器
前桥中间支撑传动轴
前驱动桥

→ 动力传递方向

传动系统结构特点

　　传动系统由变矩器、变速器、双变液压操纵系统、传动轴、前驱动桥、后驱动桥等组成。

1. 变矩器
　　变矩器与柴油机相连，使柴油机功率能得到合理利用，以适应外阻力变化来自动调节所需转矩，最大可增加数倍转矩，当外阻力突然增加时，柴油机不会熄火，机件和柴油机可受到保护，避免冲击损坏。

2. 变速器
　　变速器采用常啮合圆柱齿轮传动，液压离合器与机械机构综合换挡，通过液压作用，将变矩器传来的动力接合不同的离合器，得到不同速度，传给前、后驱动桥。

3. 传动轴
　　传动轴共四根，第一根连接变矩器至变速器输入凸缘；第二和第三根连接变速器至前桥凸缘；第四根连接变速器至后桥凸缘。

4. 前后驱动桥
　　驱动桥由主传动总成、桥壳、半轴、轮边减速器和车轮等组成。驱动桥分前桥和后桥，其区别在于：①前桥的主动螺旋锥齿轮为右旋，后桥则为左旋，且不能互换；②前桥装有两个双钳盘式制动器，后桥装有两个单钳盘式制动器；③前桥与车架连接后即固定，而后桥与车架连接后可上下摆动。

图4 变矩器 | 二、轮式装载机传动系统

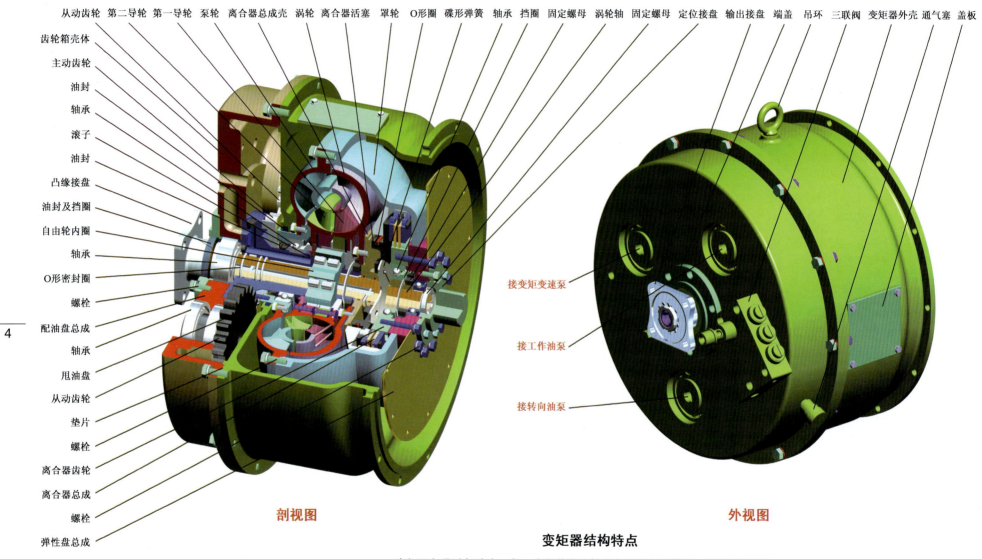

剖视图

外视图

变矩器结构特点

变矩器与柴油机连在一起，它能使柴油机功率得到合理利用；能适应外阻力变化以自动调节所需转矩，最大可增加数倍转矩，当外阻力突然增加时，确保柴油机不会熄火，机件和柴油机可受到保护，避免受到冲击面损坏。

二、轮式装载机传动系统 | 图5 变矩器齿轮箱

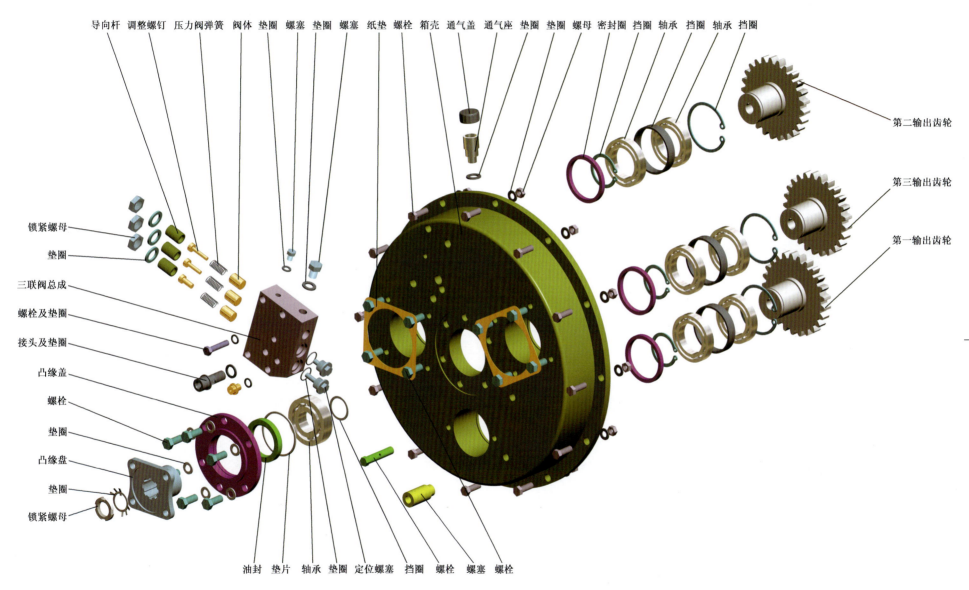

图6 变矩器三联阀 | 二、轮式装载机传动系统

三联阀组成与功用

三联阀由主压力阀、进口压力阀和出口压力阀等组成。主压力阀控制主油压（即变速工作压力），进口压力阀控制变矩器进口油压，出口压力阀控制变矩器出口油压。出厂前各阀压力已调好，这些阀一般不能随意调整。必须调整时，须拧松锁紧螺母，顺时针转动调整螺栓为增压，反之则为减压，调好后拧紧锁紧螺母，一般在实验台上进行调整。各阀压力调定值以性能参数中所给的值为依据。

三联阀工作原理

由油泵来的压力油分为两部分：一部分送给变速操纵阀以实现变速，另一部分通过主压力阀进入变矩器以传递动力。当油压超过进口压力阀调定值时，进口压力阀被打开，油经溢流管回流至变速器油底壳。变矩器的热油经变矩器回油路出来，打开出口压力阀后，经冷却油管到机油散热器再回流至变速器油底壳。

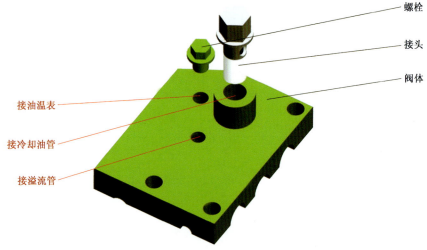

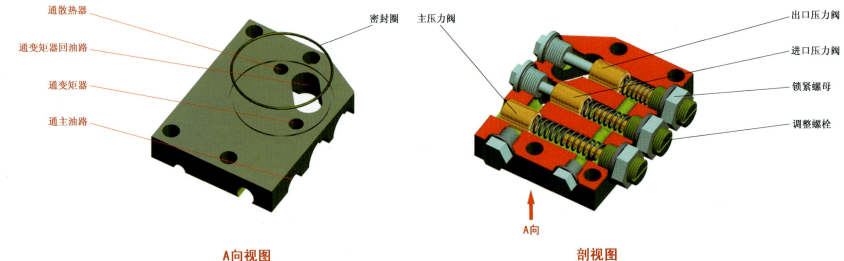

A向视图　　　　**剖视图**

二、轮式装载机传动系统 | **图7** 变矩器分解

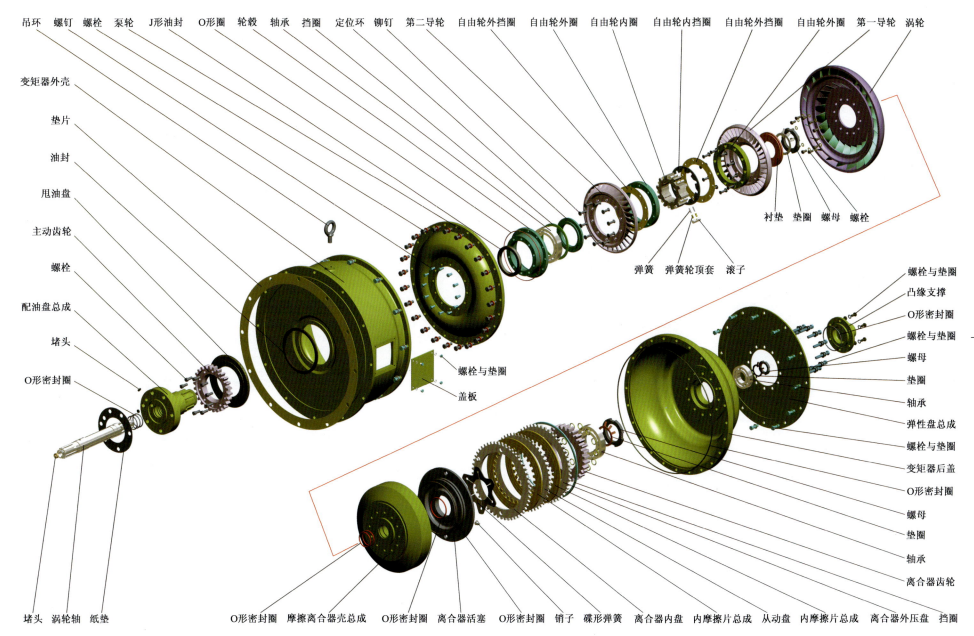

图8 变速器 | 二、轮式装载机传动系统

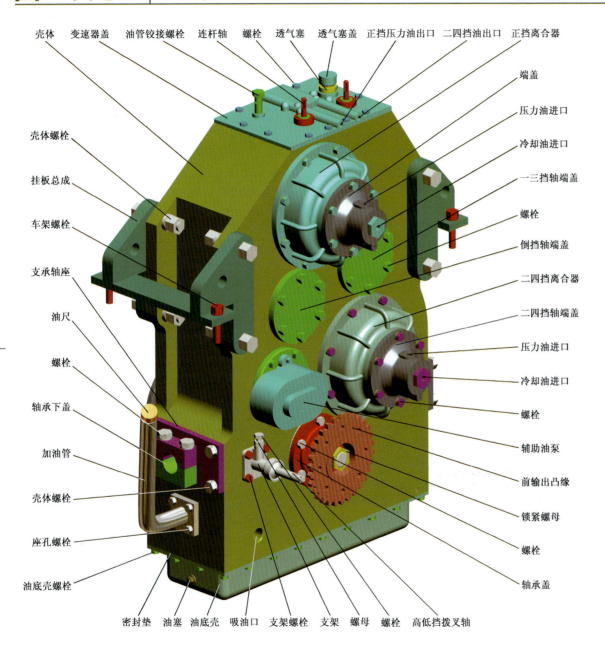

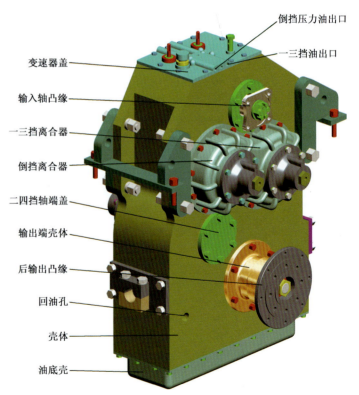

变速器简介

变速器采用常啮合圆柱齿轮传动，通过液压离合器与机械机构综合换挡方式，将液力变矩器传来的动力，在液压的作用下，接合不同的离合器以得到不同的速度，并传给前、后驱动桥。

变速器输入侧装有输入凸缘、倒挡离合器、一三挡离合器、后桥输出凸缘；前输出侧装有正挡离合器、二四挡离合器、前桥输出凸缘和变速辅助油泵。变速器上部有变速器盖和变速操纵阀，下部有油底壳和放油塞。

变速器通过四个离合器与高低速滑套配合操作，分别得到前进、后退均相同的四个挡位。

左侧后视图

二、轮式装载机传动系统 | 图9 变速器结构

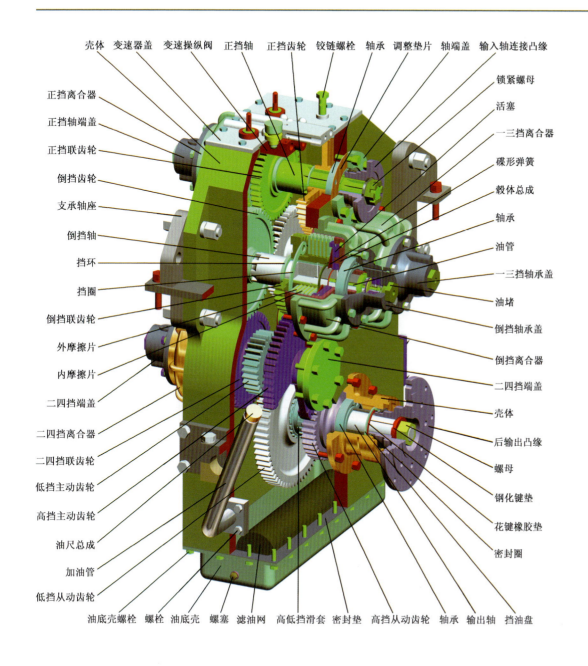
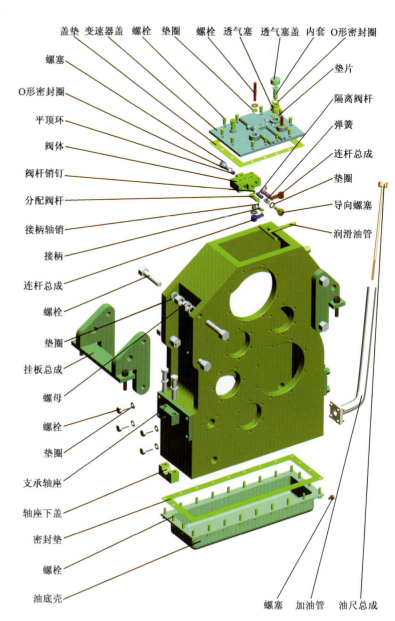

图10 变速器分解(1) | 二、轮式装载机传动系统

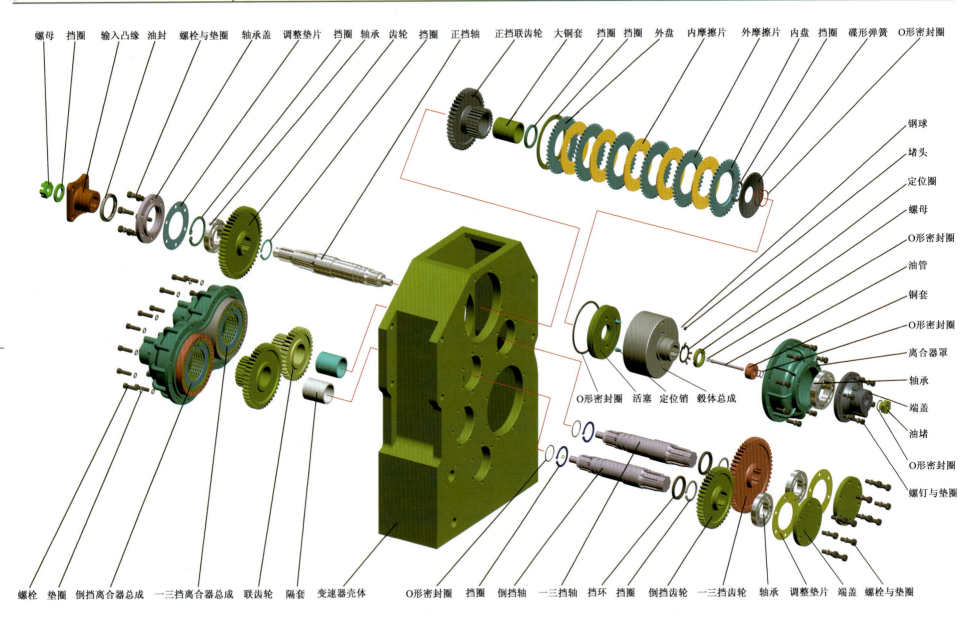

二、轮式装载机传动系统 | 图11 变速器分解(2)

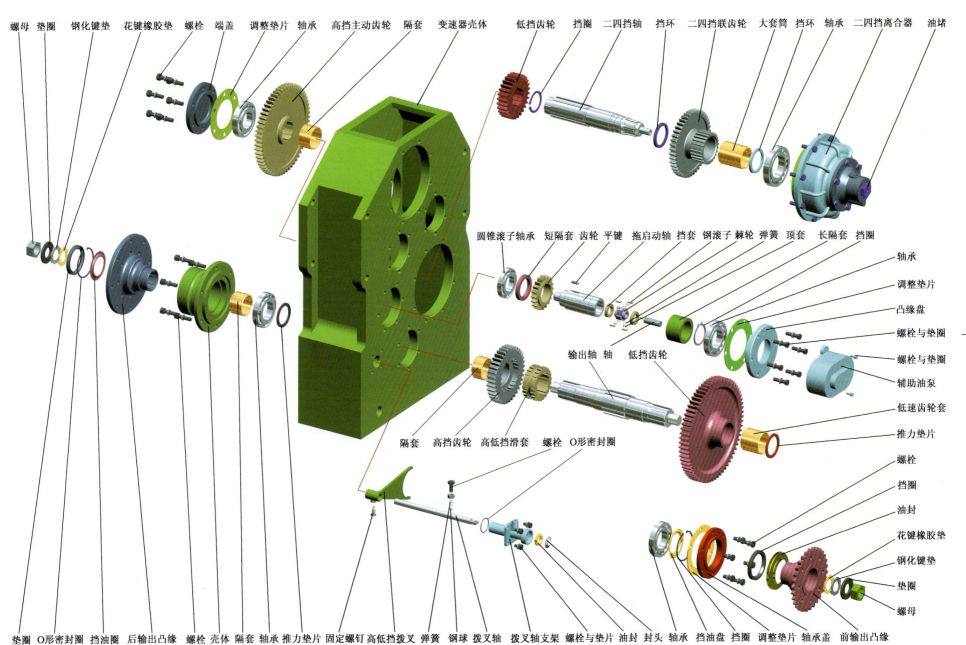

图12 变速器工作原理 | 二、轮式装载机传动系统

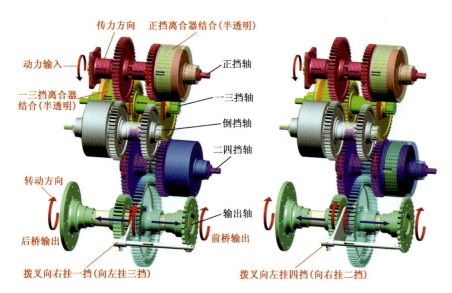

1. 前进一(三)挡　　2. 前进二(四)挡

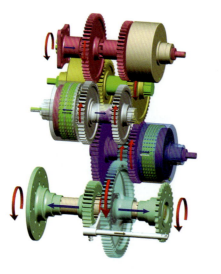

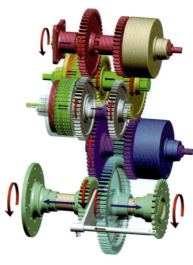

3. 后退一(三)挡　　4. 后退二(四)挡

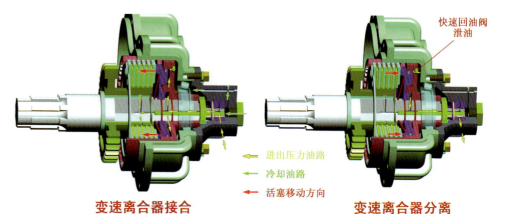

变速离合器接合　　变速离合器分离

变速离合器工作原理

变速离合器接合时，通入压力油后，活塞向左移动，碟形弹簧被压变形，内、外摩擦片接合，此时壳体、联齿轮和轴成为一体，传递动力。

变速离合器分离时，通过变速操纵阀解除压力油后，碟形弹簧使活塞向右移动，内、外摩擦片之间的原压紧力消失，离合器分离，壳体、联齿轮和轴分开，动力中断。

离合器的活塞行程为0～6mm，当活塞行程超过6mm时，就要更换离合器的内摩擦片。如工作油压低于1.2MPa，则离合器的O形密封圈可能过度磨损，需更换，更换时，拆开端盖，取出O形密封圈并更换。

离合器上端的钢球与球座组成快速回油阀，当压力油进入活塞腔内时，钢球随油压将小孔封死形成封闭油腔；当卸载时，钢球受离心力作用而离开球座，帮助泄油而使离合器迅速分离，保证挡位快速脱挡。

拆开离合器罩，拧开螺母，取下变速离合器，再取下挡圈和外盘即可卸下摩擦片并更换。

变速器各挡传力途径

四个离合器与高低速滑套配合使用来实现变速器的变速，分别得到前进、后退均相同的四个速度。

（1）前进一(三)挡：正挡离合器和一三挡离合器结合，高低速滑套拨向高(低)速从动齿轮并啮合，动力传递经过的元件依次是：输入凸缘、正挡轴、正挡离合器、正挡联齿轮、一三挡齿轮、一三挡离合器、一三联齿轮、高挡主动齿轮(一挡还要经过二四挡轴、低挡主动齿轮)、高(低)挡从动齿轮、高低速滑套、输出轴。

（2）前进二(四)挡：正挡离合器和二四挡离合器结合，高低速滑套拨向高(低)速从动齿轮并啮合，动力传递经过的元件依次是：输入凸缘、正挡轴、正挡离合器、正挡联齿轮、一三挡齿轮、二四挡联齿轮、二四挡离合器、二四挡轴、高挡主动齿轮(三挡还要经过二四挡轴、低挡主动齿轮)、高(低)挡从动齿轮、高低速滑套、输出轴。

（3）后退各挡：挂后退挡时，要结合倒挡离合器和相应挡离合器，动力经输入凸缘输入后传到倒挡联齿轮、倒挡离合器、倒挡轴、倒挡齿轮、一三挡齿轮，后面的动力传递与前进挡时相当。

二、轮式装载机传动系统 | 图13 变矩器变速器液压系统

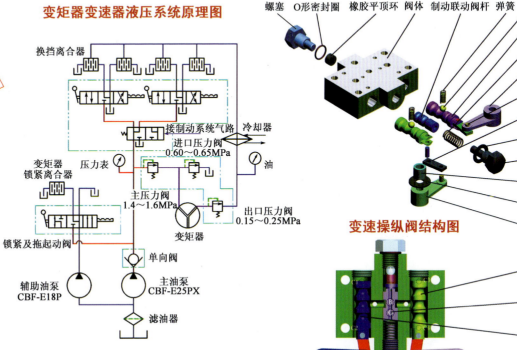

变矩器变速器液压系统原理图

锁拖阀分解图

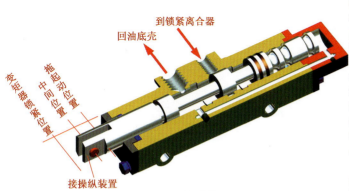

锁拖阀剖视图

变速操纵阀结构图

锁拖阀结构与工作原理

锁拖阀（左图所示）主要由阀体、阀杆、O形密封圈、操纵手柄、钢球和弹簧等组成，用来锁紧变矩器锁紧离合器和实现拖起动。将操纵手柄向前推时，能锁紧变矩器锁紧离合器；而将操纵手柄向后拉时，能达到拖起动的目的。中间位置和变矩器锁紧位置时，变速辅助油泵来的油流入油底壳。

辅助油路系统是当柴油机的电起动发生故障，拖车起动柴油机时用的。主要由变速辅助油泵和变矩器锁紧及拖起动操纵阀等组成。变速辅助油泵CBF-E18P（顺时针转）是装在变速器上的。拖起动时，借助液压作用将变矩器锁紧离合器锁紧的同时使变速器挂挡。当推土机被拖向前时，变速辅助油泵开始工作，通过变矩器锁紧及拖起动操纵阀，压力油将变矩器锁紧离合器锁紧，同时压力油进入变速操纵阀以便挂挡。

为了防止变速辅助油泵的压力油倒流入主油泵，在主油泵的出口处装有止回阀。平时在正常状态下，变速辅助油泵的出油经过锁紧及拖起动阀（液压系统原理图所示）流入油底壳。

变速操纵阀工作原理

变速器操纵阀由进退挡、高低挡换挡阀和制动切断阀组成，安装在变速器盖下方。压力油通过变速器盖上的B孔进入阀的两个腔。当推动进退挡换挡阀阀杆时，压力油进入C1孔或C2孔；当推动高低挡换挡阀阀杆时，压力油进入C3孔或C4孔。C1孔通正挡离合器，C2孔通倒挡离合器，C3孔通一三挡离合器，C4孔通二四挡离合器。每个挡位的实现需接合两个离合器。当挂空挡时，压力油由变矩器的三联阀溢流回油底壳，离合器内的压力油由各自C孔回油底壳。当驻车制动时，压缩空气通过变速器盖侧面进入A孔，推动制动联动阀杆，封闭压力油进油孔B，从而实现脱挡。解除制动时，弹簧使阀杆自动复位，变速器恢复原挡位工作。

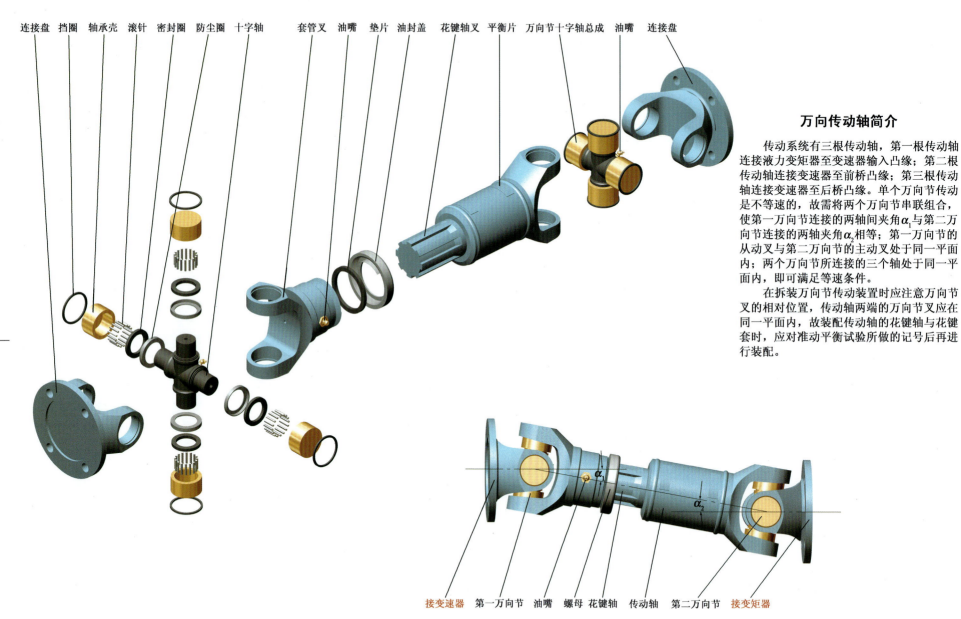

图14 万向传动轴 | 二、轮式装载机传动系统

万向传动轴简介

传动系统有三根传动轴，第一根传动轴连接液力变矩器至变速器输入凸缘；第二根传动轴连接变速器至前桥凸缘；第三根传动轴连接变速器至后桥凸缘。单个万向节传动是不等速的，故需将两个万向节串联组合，使第一万向节连接的两轴间夹角α_1与第二万向节连接的两轴夹角α_2相等；第一万向节的从动叉与第二万向节的主动叉处于同一平面内；两个万向节所连接的三个轴处于同一平面内，即可满足等速条件。

在拆装万向节传动装置时应注意万向节叉的相对位置，传动轴两端的万向节叉应在同一平面内，故装配传动轴的花键轴与花键套时，应对准动平衡试验所做的记号后再进行装配。

二、轮式装载机传动系统 | 图15 中间支承传动轴

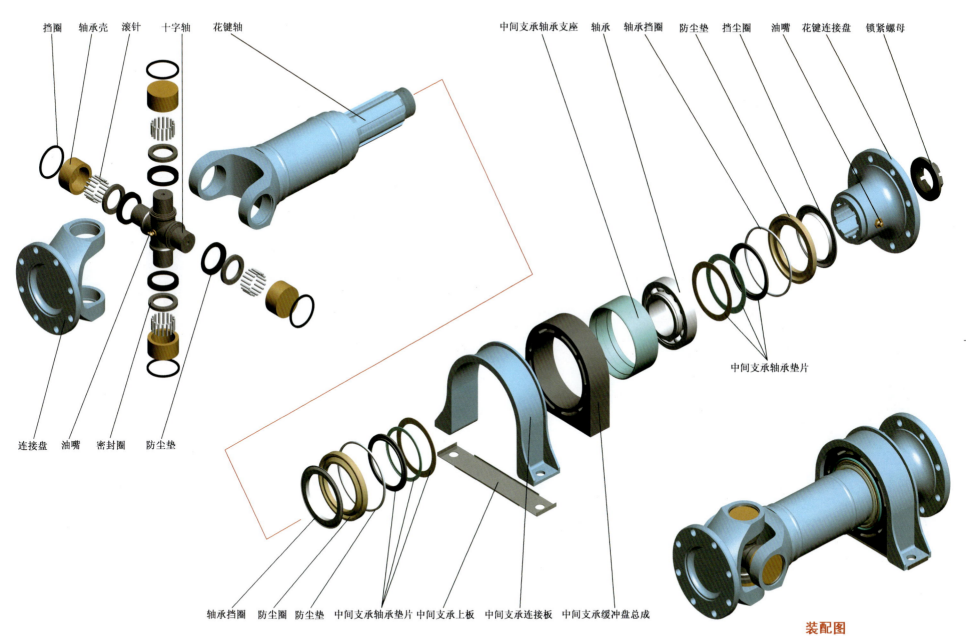

装配图

图16 驱动桥 | 二、轮式装载机传动系统

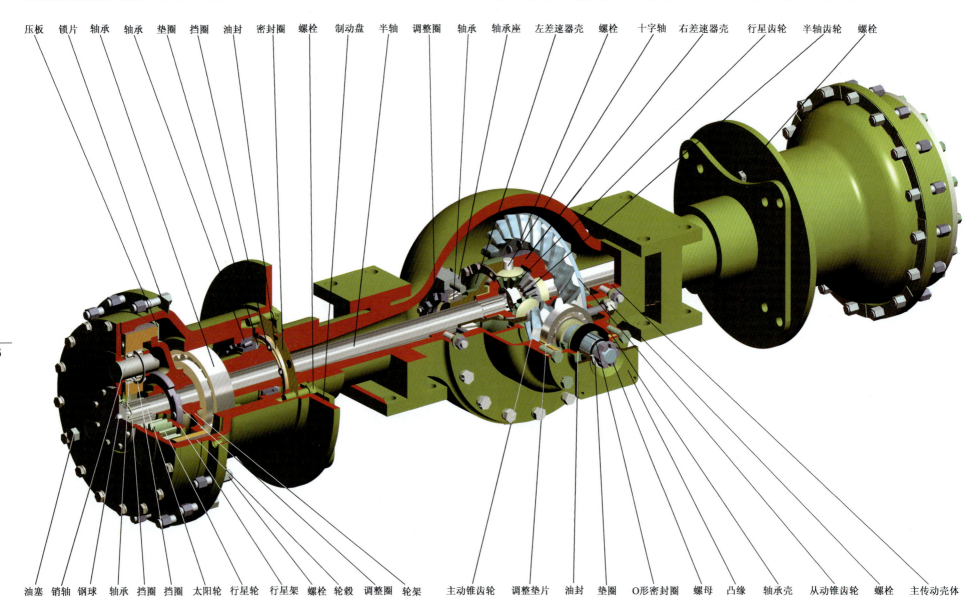

上方标注（从左至右）：压板　锁片　轴承　轴承　垫圈　挡圈　油封　密封圈　螺栓　制动盘　半轴　调整圈　轴承　轴承座　左差速器壳　螺栓　十字轴　右差速器壳　行星齿轮　半轴齿轮　螺栓

下方标注（从左至右）：油塞　销轴　钢球　轴承　挡圈　挡圈　太阳轮　行星轮　行星架　螺栓　轮毂　调整圈　轮架　主动锥齿轮　调整垫片　油封　垫圈　O形密封圈　螺母　凸缘　轴承壳　从动锥齿轮　螺栓　主传动壳体

二、轮式装载机传动系统 | 图17 驱动桥分解

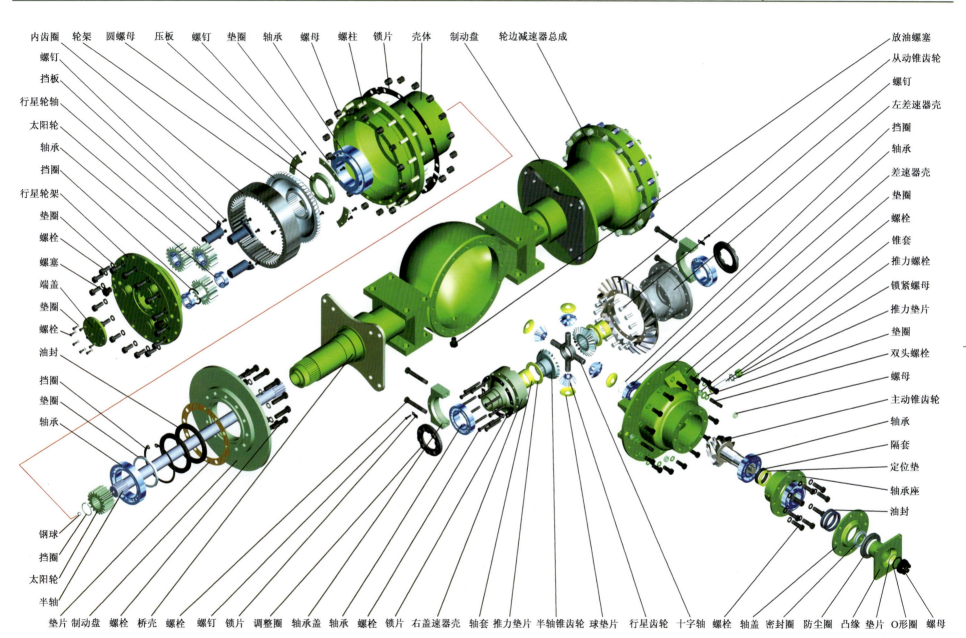

图18 驱动桥差速器工作原理 | 二、轮式装载机传动系统

驱动桥差速器工作原理

两齿条相当于展开的两半轴齿轮，与之相啮合的齿轮相当于行星齿轮。

拉动齿轮轴相当于差速器壳体带动十字轴和行星齿轮转动。若两齿条阻力相等，则齿轮轴将通过齿轮带动齿条一起移过相等的距离A。若两齿条阻力不等(设右齿条阻力大)，则拉动齿轮轴时，齿轮将随轴移动，同时按箭头所示方向绕轴转动，使左齿条移动距离的增加数B等于右齿条距离的减少数B。若右齿条不动，则拉动齿轮轴时，齿轮将沿着右齿条滚动，带动左齿条加速移动，左齿条移动的距离$2A$等于齿轮轴的2倍。若按住齿轮轴，使其静止，则移动一个齿条时，齿轮只绕轴自转，而另一个齿条向相反方向移动相等的距离A。

两齿条移动距离之和始终等于齿轮轴移动距离的2倍，即左右两半轴齿轮转速之和等于差速器壳转速的2倍。

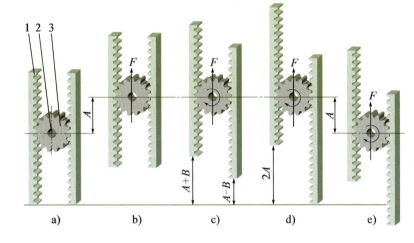

1-齿条；2-轴；3-齿轮

驱动桥从动锥齿轮不正确的啮合印痕调整方法

印痕说明	从动锥齿轮上啮合印痕		调整方法	齿轮移动方法
	前进面	后退面		
正常的啮合印痕			正常的啮合印痕位置应在节锥附近，印痕长度l为全齿长L的2/3，距小端边缘$b(2～4)$mm，沿齿高位移不得超过1/4	—
不正常的啮合印痕			移进从动齿轮时，若使齿隙过小，可将主动锥齿轮向前移出	
			移出从动齿轮时，若使齿隙过大，可将主动锥齿轮向后移进	
			移进主动齿轮时，若使齿隙过小，可将从动锥齿轮移出	
			移出主动齿轮时，若使齿隙过大时，可将从动锥齿轮向前移进	

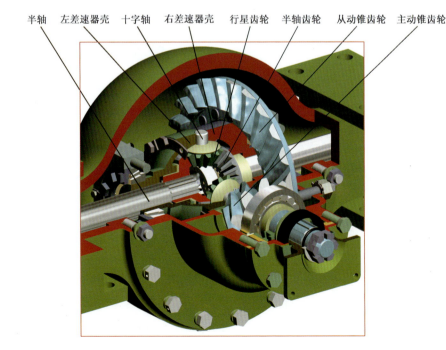

半轴　左差速器壳　十字轴　右差速器壳　行星齿轮　半轴齿轮　从动锥齿轮　主动锥齿轮

三、轮式装载机行驶系统 | 图19 车架

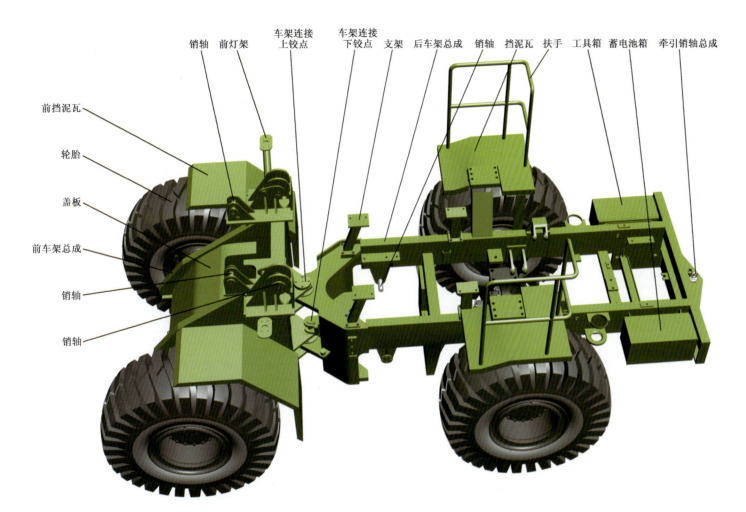

俯视图

车架组成与作用

轮式装载机行驶系统由前后车架、前后驱动桥、油气悬架系统、轮边减速器和车轮等组成。车架是安装各总成、部件的基础，它由前车架和后车架两部分组成。前车架与车桥通过螺栓刚性连接，后车架与后桥间通过油气悬架连接，可提高行驶与作业性能。

图20 车架铰点与轮胎 | 三、轮式装载机行驶系统

上铰点 **下铰点**

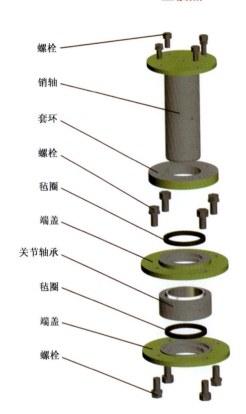
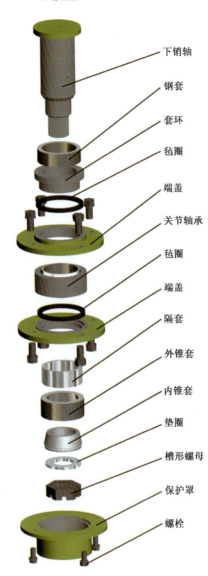

上铰点标注：螺栓、销轴、套环、螺栓、毡圈、端盖、关节轴承、毡圈、端盖、螺栓

下铰点标注：下销轴、钢套、套环、毡圈、端盖、关节轴承、毡圈、端盖、隔套、外锥套、内锥套、垫圈、槽形螺母、保护罩、螺栓

车架铰点作用

轮式装载机工作时，铰点受较大的冲击载荷，关节轴承式球铰结构可改善车架受力情况，便于装配、调整。球铰结构可使前、后车架在水平面内相对转动76°～77°。

轮胎分解图

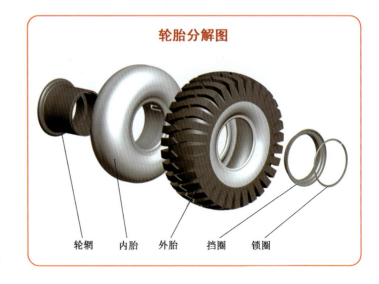

轮辋、内胎、外胎、挡圈、锁圈

三、轮式装载机行驶系统 | 图21 油气悬架系统

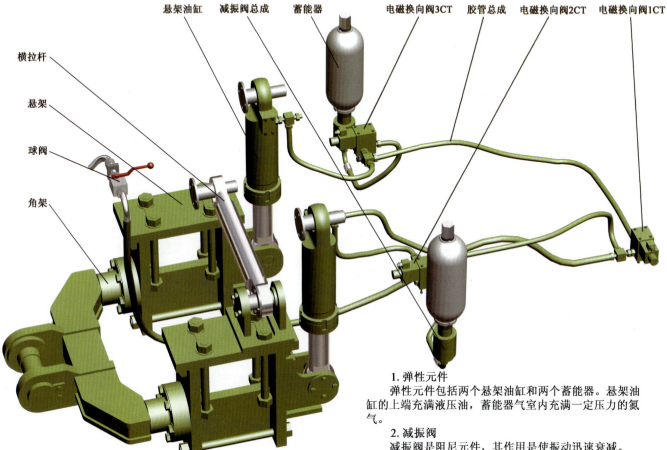

标注：横拉杆、悬架、球阀、角架、悬架油缸、减振阀总成、蓄能器、电磁换向阀3CT、胶管总成、电磁换向阀2CT、电磁换向阀1CT

油气悬架系统工作原理

油气悬架系统有三种工作状态：

（1）悬架：右旋仪表台上的悬架控制开关，使其处于悬架位置，1CT、2CT、3CT都断电，球阀关闭，左右油缸不通，油缸与蓄能器相通，油缸与蓄能器组成油气弹簧，起缓冲减振作用。

（2）闭锁：左旋仪表台上的悬架控制开关，使其处于闭锁位置，1CT、2CT、3CT都通电，球阀关闭，左右油缸相通，油缸与蓄能器不通，油气悬架不起悬架作用，悬架随桥的摆动而摆动。

（3）充放油：右旋充放油控制开关，置于充放油状态，打开球阀，1CT、3CT断电，2CT通电，左右油缸及蓄能器都相通，悬架系统的油可在整车重力作用下排出；1CT、2CT、3CT都通电，左右油缸相通，油缸与蓄能器不通，高压油可充入悬架油缸。左旋充放油控制开关，则置于关闭状态。

其中，扳动驾驶室座椅后的球阀手柄与油管平行，充放油油路接通；扳动球阀手柄与油管垂直，充放油油路断开。

1. 弹性元件
弹性元件包括两个悬架油缸和两个蓄能器。悬架油缸的上端充满液压油，蓄能器气室内充满一定压力的氮气。

2. 减振阀
减振阀是阻尼元件，其作用是使振动迅速衰减。

3. 杆件机构
杆件机构主要由角架、横拉杆支座、横拉杆等组成，其导向机构（杆系）承受除垂直力外的力和力矩。为保证杆系运动时不发生干涉现象，各铰点都采用了关节轴承。

4. 控制系统
控制系统由三个电磁阀及仪表台上的两个控制开关组成，用于控制油气悬架系统的工作状态。

（1）悬架控制开关有两个位置，即悬架位置和闭锁位置。

（2）充放油控制开关有两个位置，即关闭位置（左右悬架油缸相互不通）和充放油位置（左右悬架油缸相互连通）。

（3）电磁阀控制悬架系统油路的开启和闭合。

油气悬架系统功用与组成

悬架系统采用了可闭锁、可充放油的油气悬架系统，其功用是传递作用在车轮与车架间的各种力和力矩，并且缓和由不平路面传给车架的冲击载荷，衰减由冲击载荷引起的承载系统的振动，以保证车辆正常行驶，减少驾驶人在车辆高速行驶中的疲劳，提高车辆的平顺性、稳定性和通过性。

油气悬架系统由弹性元件、减振阀、杆件机构、控制系统等组成。

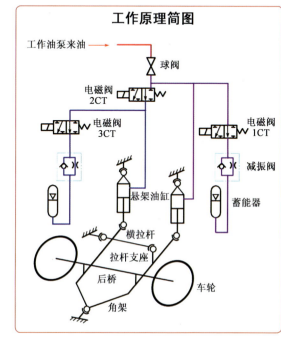

工作原理简图

图22 转向系统 | 四、轮式装载机转向系统

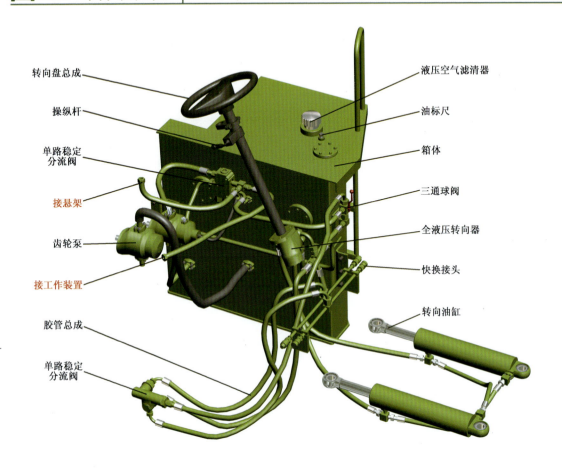

左前视图

标注：转向盘总成、操纵杆、单路稳定分流阀、接悬架、齿轮泵、接工作装置、胶管总成、单路稳定分流阀、液压空气滤清器、油标尺、箱体、三通球阀、全液压转向器、快换接头、转向油缸

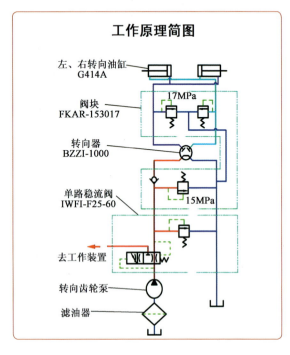

工作原理简图

标注：左、右转向油缸 G414A；阀块 FKAR-153017（17MPa）；转向器 BZZI-1000；单路稳流阀 IWFI-F25-60（15MPa）；去工作装置；转向齿轮泵；滤油器

转向系统特点与原理

本机采用全液压转向系统，其特点是操纵灵活、工作可靠故障少、结构简单紧凑、安装布置方便、维修简单。转向系统由转向器、稳流阀、油泵等组成，由转向泵提供的油经过稳流阀，供给转向器定量的油。

（1）直线行驶时，转向盘处于中间位置，转向泵提供的液压油经稳流阀、高压油管到转向器，从转向器回油口经冷却器直接回到油箱。转向油缸的两腔处于封闭状态。

（2）当转向盘向左转时，从转向泵出来的高压油被转向器分配给左油缸小腔和右油缸大腔，使前车架向左偏转，从而实现左转向。

（3）当转向盘向右转时，从转向泵出来的高压油被转向器分配给左油缸大腔和右油缸小腔，使前车架向右偏转，从而实现右转向。

四、轮式装载机转向系统 | **图23** 转向器分解

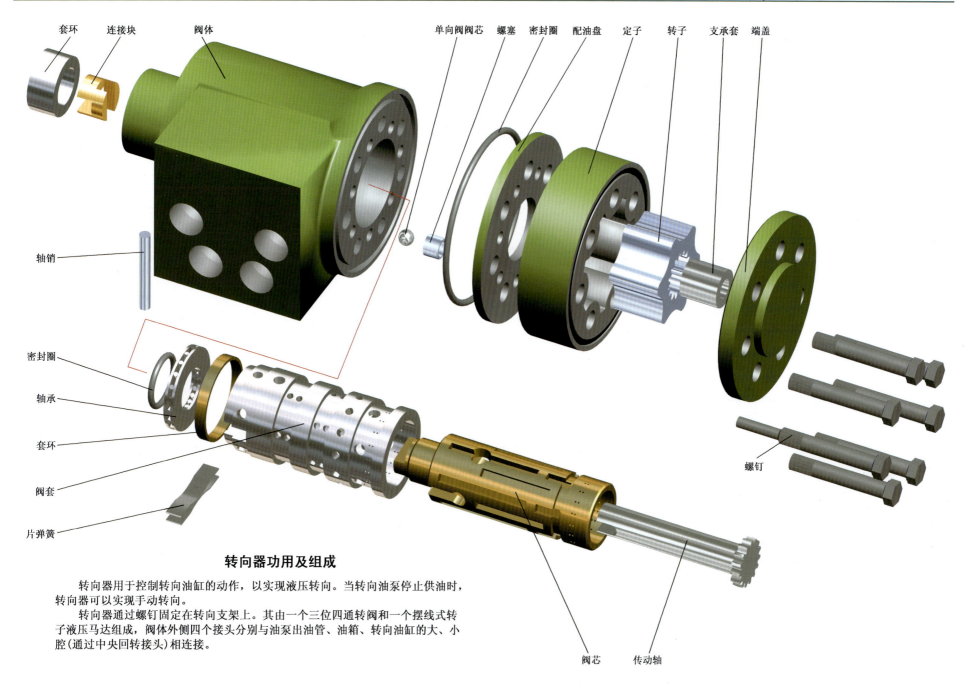

转向器功用及组成

　　转向器用于控制转向油缸的动作，以实现液压转向。当转向油泵停止供油时，转向器可以实现手动转向。

　　转向器通过螺钉固定在转向支架上。其由一个三位四通转阀和一个摆线式转子液压马达组成，阀体外侧四个接头分别与油泵出油管、油箱、转向油缸的大、小腔（通过中央回转接头）相连接。

图24 转向器工作原理 | 四、轮式装载机转向系统

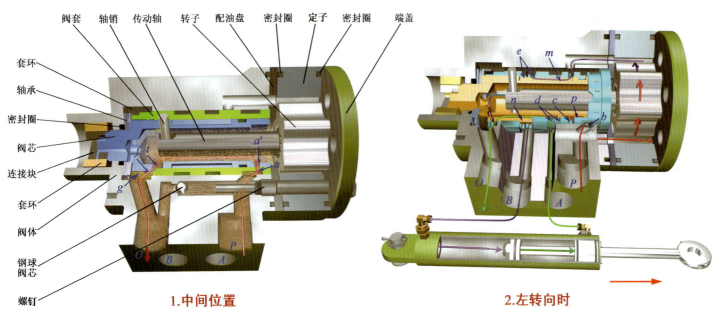

转向器工作原理

1. 中间位置

转向盘不动，阀芯和阀套在片弹簧的作用下处于中间位置。由转向泵来的油液从阀体上P口通过阀套和阀芯相互重合的a和a'孔流入阀芯中心，然后通过阀芯t孔、阀套f孔和槽g流到阀体O孔。此时阀套上的12个c孔均被封闭，摆线液压马达不转动；阀套上的两排d孔和两排e孔也被阀芯封闭，转向油缸中无工作油流动，因而不动作，转向轮保持在直线行驶（或某个转弯半径）状态。

2. 左转向时

转向盘向左转动时，阀芯随转向盘旋转，阀套因和摆线液压马达转子相连而暂时不转。此时，阀套和阀芯的a和a'孔错开，由转向泵来的压力油通过阀套上的b孔、阀芯上的P槽及双号c孔经阀体上的进油孔进入摆线液压马达的进油腔；摆线液压马达的回油经阀体上回油孔到阀套单号c孔，然后经阀芯m槽、阀套双排e孔到阀体B口，最后通往转向油缸大腔，推动活塞移动，使车轮向左偏移。从转向油缸回来的油经阀体A口、阀套双排d孔、阀芯n槽到阀体O口后回到油箱。压力油经过摆线液压马达时，摆线液压马达转子便通过传动和轴销使阀套转动，其转动方向与阀芯转动方向相同，于是各孔、槽的配合关系又恢复到中立位置，转向停止。要想继续转向，可继续转动转向盘。

3. 右转向时

转向盘向右转动，阀芯与阀套的相对位置与左转向相反。转向过程与左转向的情形相同，只是液流的方向不同。转向油缸与摆线液压马达进出口液流方向正好与左转向相反。

4. 手动转向时

当柴油机因故不能工作或转向泵损坏时，转向器还可实现手动转向。其过程是：转动转向盘使阀芯转动，阀芯通过轴销、传动轴直接带动摆线液压马达旋转，从其排油腔排油回到转向阀，再到转向油缸，使机械转向。此时摆线液压马达进油腔的油从回油口O经单向阀补来，这时摆线液压马达实际起泵的作用。

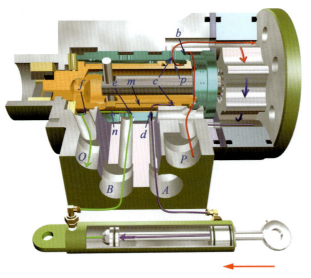

3.右转向时

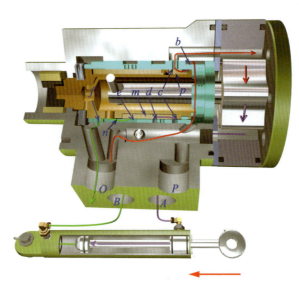

4.手动转向时

四、轮式装载机转向系统 | **图25** 转向系统稳流阀

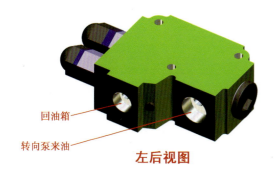

左后视图
- 回油箱
- 转向泵来油

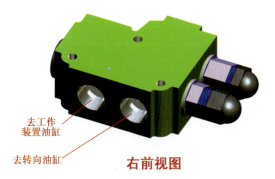

右前视图
- 去工作装置油缸
- 去转向油缸

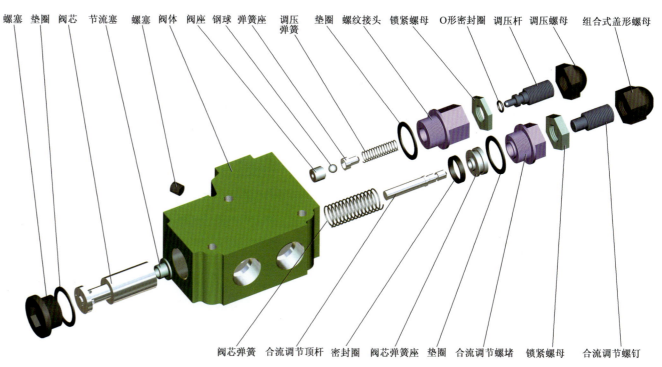

上部标注（从左到右）：螺塞、垫圈、阀芯、节流塞、螺塞、阀体、阀座、钢球、弹簧座、调压弹簧、垫圈、螺纹接头、锁紧螺母、O形密封圈、调压杆、调压螺母、组合式盖形螺母

下部标注（从左到右）：阀芯弹簧、合流调节顶杆、密封圈、阀芯弹簧座、垫圈、合流调节螺堵、锁紧螺母、合流调节螺钉

稳流阀工作原理

转向系统选用了IWFL-F25L型单路稳定分流阀。

当柴油机转速低于800r/min时，转向油泵来的液压油流量小于60L/min，液压油流经节流孔时产生的压差较小，阀芯在弹簧作用下位于阀体内左端，转向油泵来的液压油全部经节流孔流向转向油缸（左图）。

当转向油泵来的液压油流量大于60L/min时，液压油流经节流孔时产生较大的压差，阀芯右侧压力小于左侧压力，阀芯在压力差作用下向右移动，转向油泵来的液压油中，一部分以约60L/min的流量经节流孔流向转向油缸，其余部分流向工作装置油缸，从而使流向转向油缸的流量保持稳定（右图）。

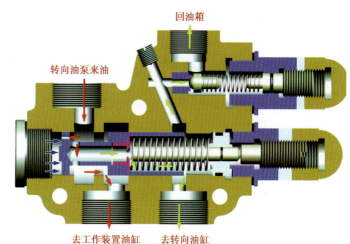

低速时工作原理图
- 回油箱
- 压力调节阀
- 转向油泵来油
- 节流孔
- 去转向油缸
- 合流调节阀

高速时工作原理图
- 回油箱
- 转向油泵来油
- 去工作装置油缸
- 去转向油缸

图26 转向油缸 | 四、轮式装载机转向系统

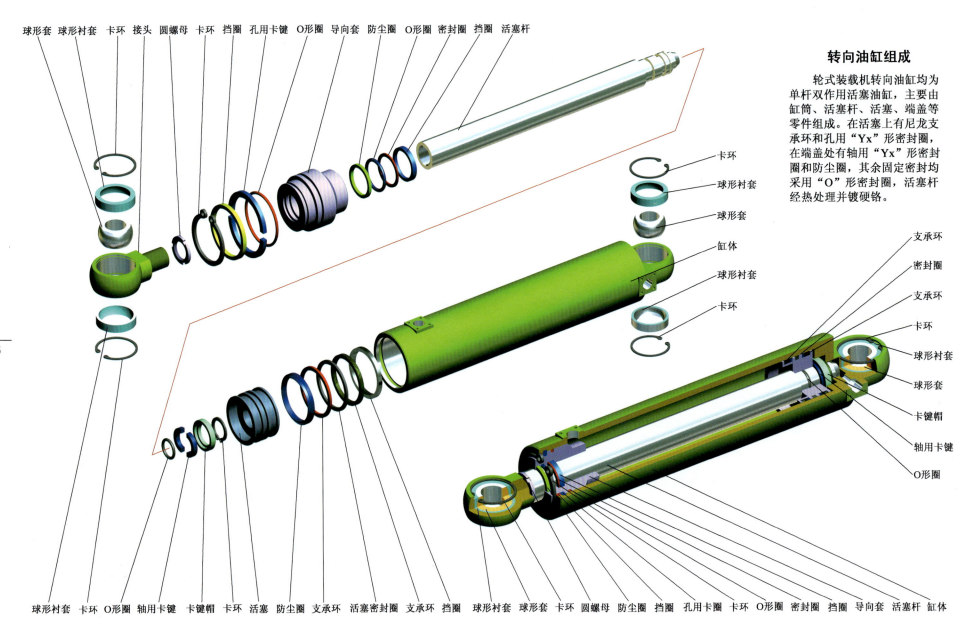

转向油缸组成

轮式装载机转向油缸均为单杆双作用活塞油缸，主要由缸筒、活塞杆、活塞、端盖等零件组成。在活塞上有尼龙支承环和孔用"Yx"形密封圈，在端盖处有轴用"Yx"形密封圈和防尘圈，其余固定密封均采用"O"形密封圈，活塞杆经热处理并镀硬铬。

五、轮式装载机制动系统　图27 制动系统

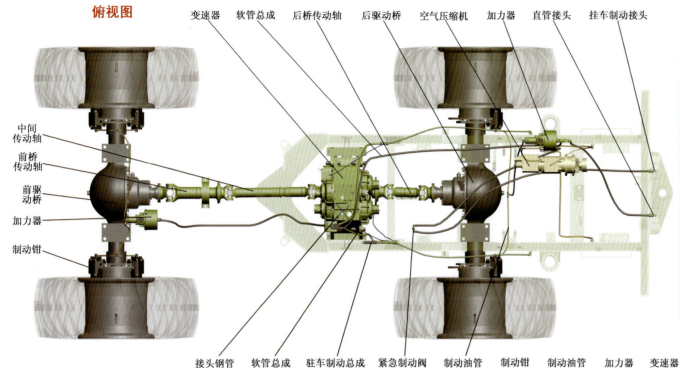

俯视图

变速器　软管总成　后桥传动轴　后驱动桥　空气压缩机　加力器　直管接头　挂车制动接头

中间传动轴　前桥传动轴　前驱动桥　加力器　制动钳

接头钢管　软管总成　驻车制动总成　紧急制动阀　制动油管　制动钳　制动油管　加力器　变速器　行车制动踏板总成　加力器　空气压缩机　油水分离器

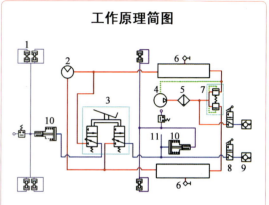

工作原理简图

1-制动钳；2-电子监测仪；3-气制动总阀；4-空气压缩机；5-油水分离器；6-手动放水阀；7-双回路保险阀；8-分离开关；9-气制动前接头；10-加力器；11-至变速器脱挡阀

制动系统原理及类型

制动系统用于使行驶的车辆减速或制动，以及在平地或坡道上较长时间制动。它包括行车制动(脚制动)和驻车制动(手制动)，还可实施拖平板车制动。

1. 行车制动(脚制动)

采用双管路气顶油固定钳盘式制动。前桥安装两个双钳盘式制动器，后桥安装两个单钳盘式制动器。

2. 驻车制动(手制动)

驻车制动系统采用软轴操纵双蹄内涨蹄式制动器，软轴操纵手柄安装在驾驶人座位左侧，通过软轴使制动器里两蹄片张开，制动鼓制动。

驻车制动器为自动增力、内涨蹄式，它安装在变速器后的输出轴端。

3. 拖平板车制动

通往拖平板车的管路有两条，一条为充气管路，一条为制动管路，每条管路上都设有分离开关和气制动接头，拖挂平板车时，分离开关应打开，否则应关闭并将气制动头封盖盖好。

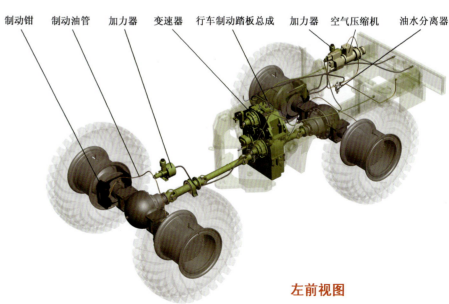

左前视图

图28 制动钳 | 五、轮式装载机制动系统

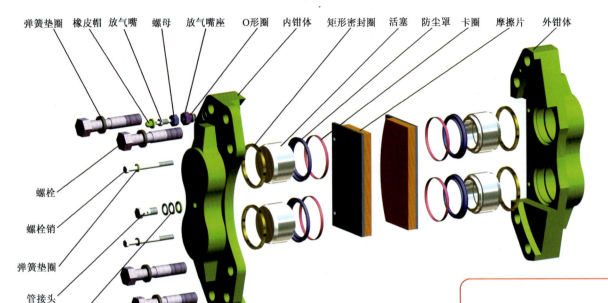

制动钳简介

制动盘通过螺钉固定在轮毂上，可随车轮一起转动。制动钳通过螺栓固定在桥壳的凸缘盘上，内、外钳体对称地置于制动盘两侧。每个制动钳上制有四个分泵缸，缸内装有活塞，缸壁上制有梯形截面的环槽，槽内嵌有矩形橡胶密封圈，活塞与缸体间装有防尘圈，其中一侧泵缸的端部用螺栓固定有端盖。四个泵缸经油管及制动钳上的内油道互相连通。为排除进入泵缸中的空气，制动钳上装有放气嘴。摩擦片安装在制动盘与活塞间，并通过安装在制动钳上的螺栓销支承。

摩擦片应定期更换，其上开有三条纵槽，槽深均为9mm，以此槽磨完为标记，即当摩擦片磨去9mm后，应更换。更换摩擦片的方法是：先拆下轮辋，松开止动螺栓，拔出销轴，摩擦片即自动掉下，更换后按相反步骤复装。

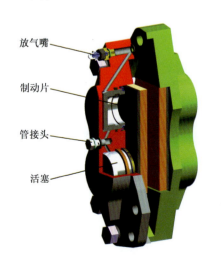

剖视图 **外观图**

制动钳工作原理

1. 不制动时
制动盘与摩擦片间每边间隙均为0.1mm左右，因而制动盘可以随车轮一起自由转动（左图）。

2. 制动时
制动油液经油管和内油道进入每个制动钳上的四个分泵制动油腔中，活塞在油压作用下向外移动，将摩擦片压紧在制动盘而产生制动力矩，使车轮制动。此时，矩形密封圈的刃边在活塞摩擦力的作用下产生微量弹性变形（右图）。

3. 解除制动时
制动油腔油压力消失，活塞靠矩形密封圈的弹力自动复位（左图），摩擦片与制动盘脱离接触，制动解除。

若摩擦片与制动盘的间隙因磨损而变大，则制动时，矩形密封圈变形达到极限后，活塞在油压作用下，克服密封圈摩擦力而继续移动，直到摩擦片压紧在制动盘为止。但解除制动时，矩形密封圈除起密封作用外，还起到使活塞复位和自动调整间隙的作用。

五、轮式装载机制动系统 | 图29 加力器

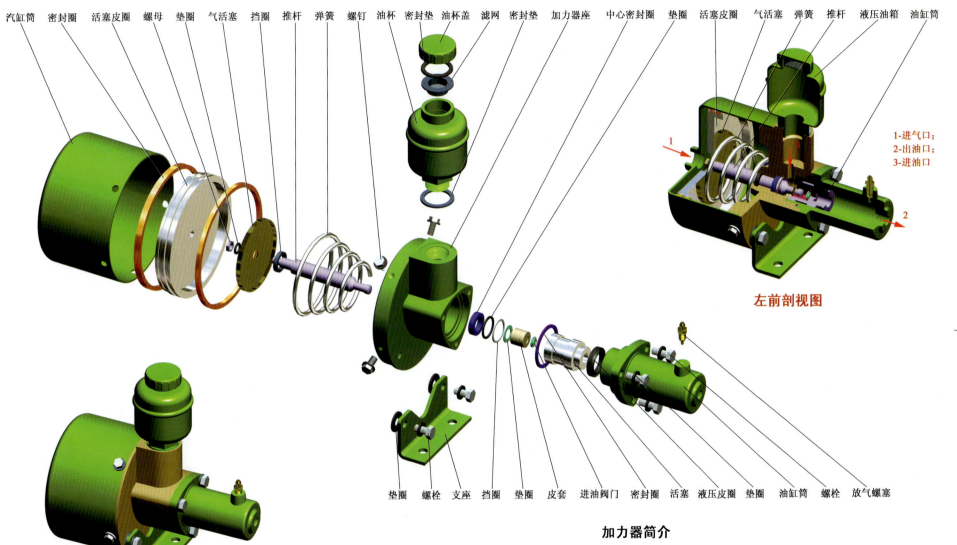

左前剖视图

1-进气口；
2-出油口；
3-进油口

右前视图

标注（自左上起）：汽缸筒　密封圈　活塞皮圈　螺母　垫圈　气活塞　挡圈　推杆　弹簧　螺钉　油杯　密封垫　油杯盖　滤网　密封垫　加力器座　中心密封圈　垫圈　活塞皮圈　气活塞　弹簧　推杆　液压油箱　油缸筒

下方标注：垫圈　螺栓　支座　挡圈　垫圈　皮套　进油阀门　密封圈　活塞　液压皮圈　垫圈　油缸筒　螺栓　放气螺塞

加力器简介

加力器又称为气液总泵，是一种加力装置。其作用是将低气压变为高液压，以达到制动要求。其型式为气顶油加力器，分为气缸和液压总泵两部分。气缸的进气口与双腔制动阀出口相连；出油口与轮边制动器上的制动液进口相连，并接通制动灯开关。上部有加油口和储油杯。高压油通过管道进入钳盘式制动器的活塞油缸中以进行制动，当气压为0.7MPa时，出口油压为10MPa左右。

图30 电气系统原理图 | 六、轮式装载机电气系统图

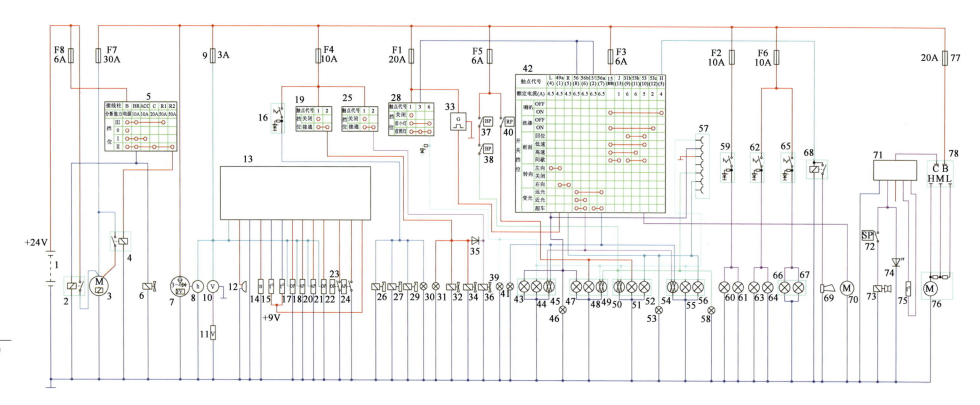

F1~F8-熔断丝；1-蓄电池；2-电源总开关；3-起动电机；4-起动继电器；5-预热起动开关；6-燃油泵电磁阀；7-交流发电机；8-电子计时表；9-电子监测仪保险(管状)；10-电子车速表；11-车速传感器；12-蜂鸣器；13-电子监测仪；14-柴油机转速传感器；15-柴油机水温传感器；16-定位电磁铁控制开关；17-变矩器油温传感器；18-柴油机油压传感器；19-悬架控制开关；20-前制动气压传感器；21-后制动气压传感器；22-变速器油压传感器；23-先导滤油器报警开关；24-空气滤清器报警开关；25-充放油控制开关；26-浮动定位电磁铁；27-提升定位电磁铁(装载机用)；28-车灯开关；29-后倾定位电磁铁(装载机用)；30-定位电磁铁指示灯；31-悬架闭锁指示灯；32-左悬架油缸与左悬架蓄能器通断电磁阀；33-转向信号闪光器；34-右悬架油缸与右悬架蓄能器通断电磁阀；35-二极管；36-左右悬架油缸通断电磁阀；37、38-制动灯开关；39-车速表内照明灯；40-倒车灯开关；41-远光指示灯；42-组合开关；43、47-左转向信号灯；44、55-前示廓灯；45、54-前照灯；46-左转向指示灯；48、51-倒车灯；49、50-后示廓灯、制动灯；52、56-右转向信号灯；53-右转向指示灯；57-挂车插座；58-制动指示灯；59-工作灯开关；60、61-左右工作灯；62-后组合灯开关；63、64-左右后组合灯；65-顶灯开关；66、67-顶灯；68-喇叭继电器；69-电喇叭；70-刮水器电机；71-空调温度控制器；72-压力开关；73-压缩机电磁离合器；74-压缩机工作指示灯；75-空调温度传感器；76-蒸发风扇电机；77-空调保险(管状)；78-风量开关

七、轮式装载机液压系统图 | 图31 液压系统原理图

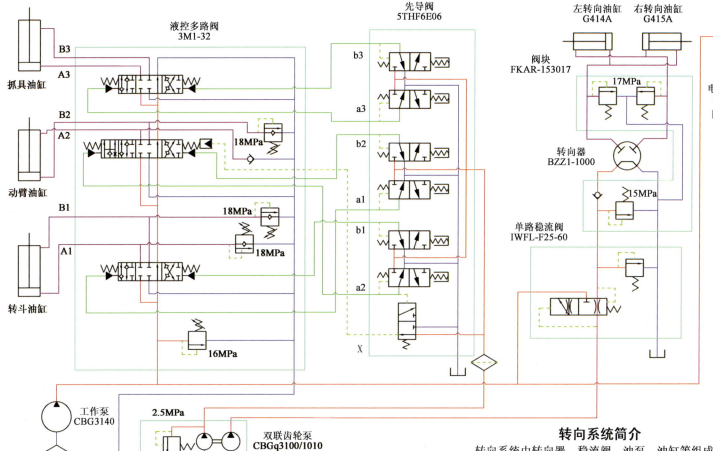

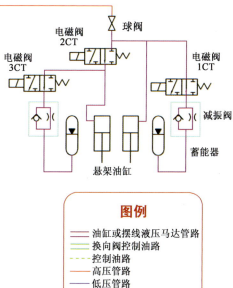

图例
- 油缸或摆线液压马达管路
- 换向阀控制油路
- 控制油路
- 高压管路
- 低压管路
- 部件范围

主液压系统组成

装载机主液压系统由油箱、油泵、整体式多路阀、液压手柄、动臂油缸、铲斗油缸、抓具油缸等元件组成。

整体式多路阀简介

整体式多路阀内有动臂阀杆、转斗阀杆和辅助阀杆，并装有溢流阀作为主安全阀。转斗阀杆有中立、斗前倾和斗后倾三个位置，动臂阀杆有中立、提升、下降、浮动四个位置，辅助阀杆有中立、斗门合并、斗门翻开三个位置。阀杆靠先导油实现移动，靠弹簧实现复位。先导阀的型号为直动式减压阀。

转向系统简介

转向系统由转向器、稳流阀、油泵、油缸等组成。系统采用了IWFL-F25L型单路稳定分流阀，当发动机转速大于800r/min时，稳流阀可以稳定地向转向器提供60L/min的液压油，多余液压油流向工作装置液压系统。安装在转向器上的FKAR-153017型阀块内有止回阀、溢流阀和双向缓冲阀。止回阀用于防止油液倒流，使转向盘不发生自由偏转。溢流阀的作用是限制油路最高压力不超过15MPa，并防止系统过载。双向缓冲阀用于保护液压转向系统免受外界反作用力经油缸传来的高压油冲击，确保油路安全，调定压力为17MPa。阀块上有四个连接孔，分别连接进油管、回油管和左、右转向油缸。

油气悬架系统简介

油气悬架系统由悬架油缸、蓄能器、电磁阀、减振阀、球阀等组成，其有以下三种状态。

（1）悬挂状态：1CT、2CT、3CT都断电，球阀关闭。左右油缸不通，油缸与蓄能器相通，油缸与蓄能器组成油气弹簧，起缓冲减振作用。

（2）闭锁状态：1CT、2CT、3CT都通电，球阀关闭。左右油缸相通，油缸与蓄能器不通，悬架随桥的摆动而摆动，不起缓冲减振作用。

（3）充放油状态：1CT、3CT断电，2CT通电，球阀打开，左右油缸及蓄能器都相通，悬架系统的油可在整车重力作用下全部排出；1CT、2CT、3CT都通电，球阀打开，左右油缸相通，油缸与蓄能器不通，高压油可充入悬架油缸中。

图32 双联齿轮泵 | 七、轮式装载机液压系统图

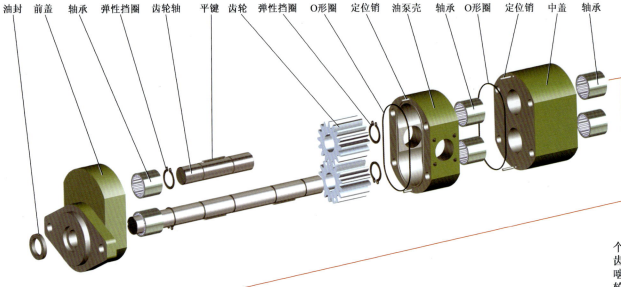

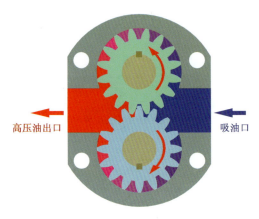

双联齿轮泵简介

先导油路由齿轮泵供油，采用双联齿轮泵。每个齿轮泵有一个主动齿轮（上侧）和一个从动齿轮（下侧）。由泵体、两侧盖板和齿轮齿隙组成一个封闭的空间，液压油充满其中。同时，齿轮的啮合点与齿顶和泵体接触点将这个封闭的空间分为两部分。当齿轮按图示方向旋转时，左侧红色区不断有齿进入啮合，空间不断变小，液压油被挤压，是高压区；右侧蓝色区不断有齿脱开啮合，空间不断变大，就从油箱不断吸入液压油。这样，当齿轮不断转动时，油就不停地通过齿的间隙沿齿轮旋转的方向从低压区向高压区运动。由于齿顶与泵体之间存在一定间隙，当油通过齿隙向高压区运动时，必然通过间隙向低压区泄漏，这样当油通过齿隙向高压区运动时，其压力是逐渐上升的。

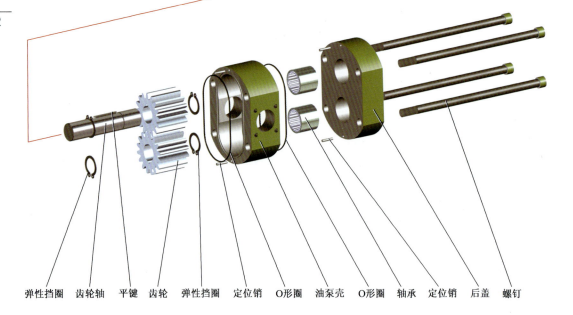

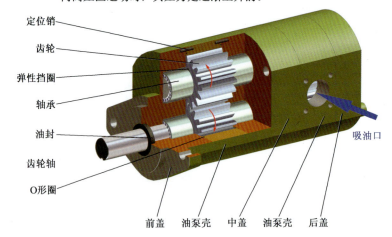

七、轮式装载机液压系统图　图33　动臂油缸

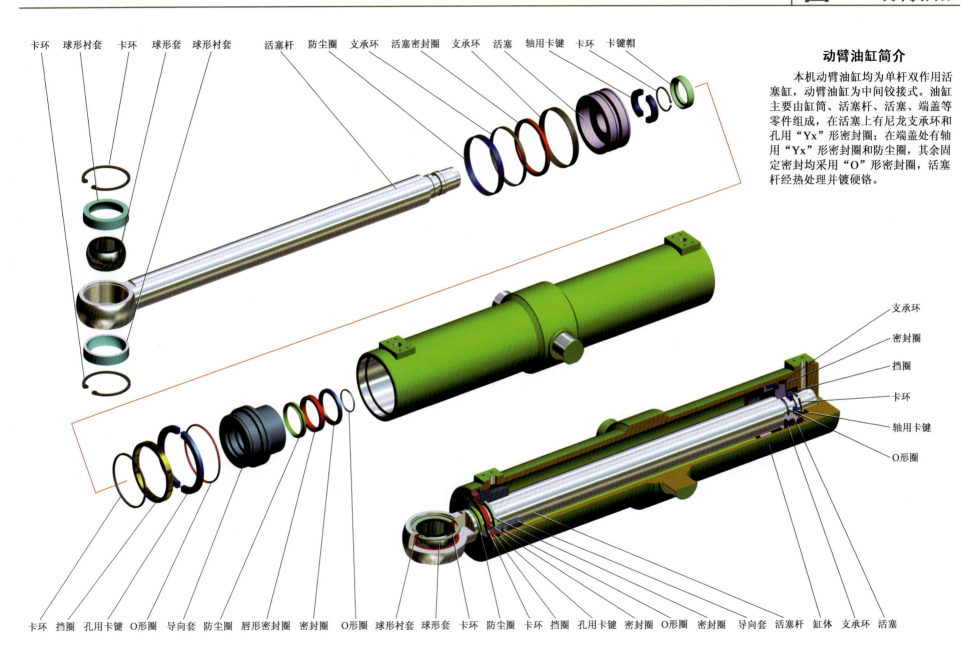

动臂油缸简介

本机动臂油缸均为单杆双作用活塞缸，动臂油缸为中间铰接式。油缸主要由缸筒、活塞杆、活塞、端盖等零件组成，在活塞上有尼龙支承环和孔用"Yx"形密封圈；在端盖处有轴用"Yx"形密封圈和防尘圈，其余固定密封均采用"O"形密封圈，活塞杆经热处理并镀硬铬。

图34 转斗油缸 | 七、轮式装载机液压系统图

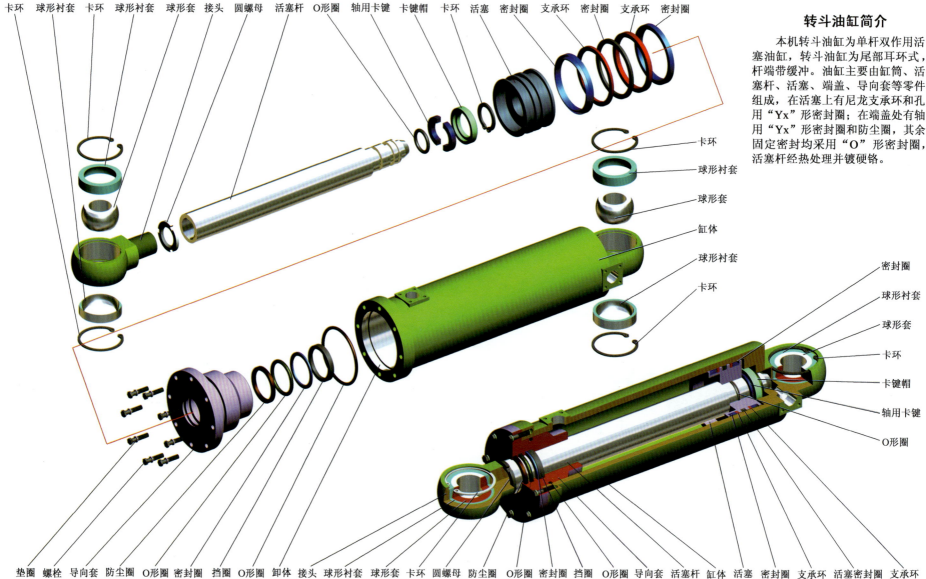

转斗油缸简介

本机转斗油缸为单杆双作用活塞油缸，转斗油缸为尾部耳环式，杆端带缓冲。油缸主要由缸筒、活塞杆、活塞、端盖、导向套等零件组成，在活塞上有尼龙支承环和孔用"Yx"形密封圈；在端盖处有轴用"Yx"形密封圈和防尘圈，其余固定密封均采用"O"形密封圈，活塞杆经热处理并镀硬铬。

七、轮式装载机液压系统图 | 图35 液控多路阀

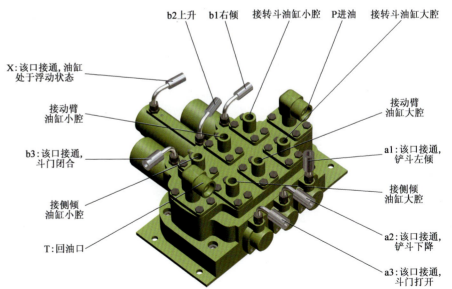

多路阀与先导阀的联接图

a1：该口接通，铲斗左倾
T：回油口
a2：该口接通，铲斗下降
P：进油口
X
b2：该口接通，铲斗上升
b1：该口接通，铲斗右倾
a3：该口接通，斗门打开
b3：该口接通，斗门闭合

标注：胶管总成、油管总成、阀体、阀回油管、阀进油管、胶管总成、先导阀、先导阀手柄、斗门手柄

b2上升、b1右倾、接转斗油缸小腔、P进油、接转斗油缸大腔
X：该口接通，油缸处于浮动状态
接动臂油缸小腔
b3：该口接通，斗门闭合
接侧倾油缸小腔
T：回油口
接动臂油缸大腔
a1：该口接通，铲斗左倾
接侧倾油缸大腔
a2：该口接通，铲斗下降
a3：该口接通，斗门打开

液控多路阀工作过程

液控多路阀为三联阀，分别控制动臂的升降、铲斗的翻转和斗门的开合。各阀中间位置为中位。通过先导阀的先导油控制阀杆移动，靠弹簧进行复位。

（1）中立位置：先导阀操纵手柄处中位，先导油不能通过，多路阀处中位，主泵来油经多路阀直接回油箱。

（2）工作位置：先导阀操纵手柄处在工作位置，先导油进入多路阀某一阀杆端部，推动该阀杆向左或向右移动，先导油流经先导阀后回油箱。

由于先导油使多路阀的某一阀杆移到工作位置，主泵来的工作油打开多路阀内止回阀，经油道从出油口流出，进入动臂油缸、铲斗油缸或开合油缸的某一腔，油缸另一腔的工作油流回多路阀另一口，经阀内油道流入油箱回油。工作油的最高压力由主安全阀控制。

（3）浮动位置：当将先导阀手柄扳至浮动位置时，手柄内顺序阀被打开，多路阀阀杆就会到达浮动位置，动臂油缸（或铲斗、斗门油缸）的大小腔都与回油口相通，此时油缸活塞杆在外力作用下自由浮动。

图36 工作装置 | 八、轮式装载机工作装置

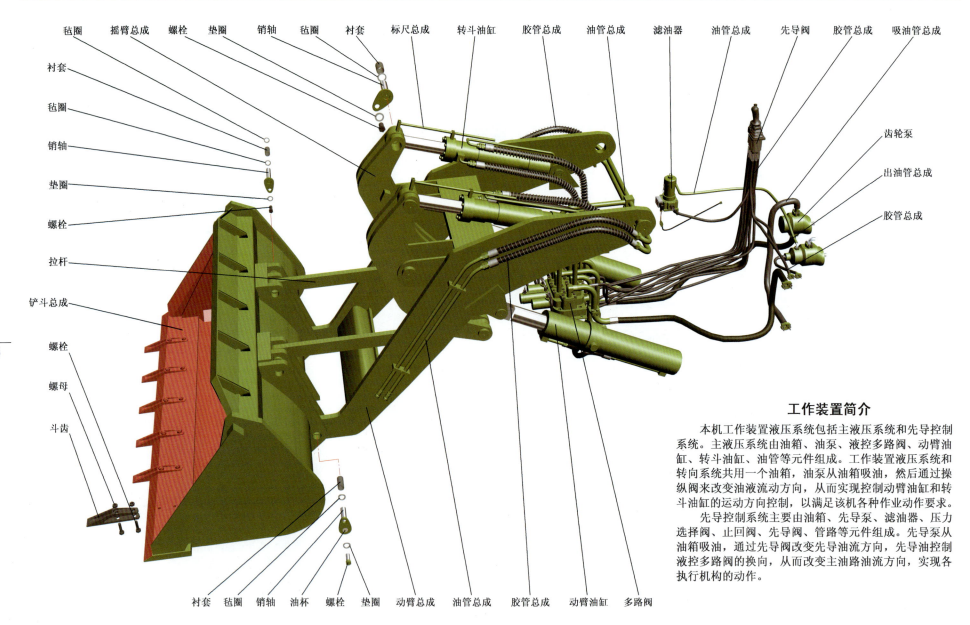

工作装置简介

本机工作装置液压系统包括主液压系统和先导控制系统。主液压系统由油箱、油泵、液控多路阀、动臂油缸、转斗油缸、油管等元件组成。工作装置液压系统和转向系统共用一个油箱，油泵从油箱吸油，然后通过操纵阀来改变油液流动方向，从而实现控制动臂油缸和转斗油缸的运动方向控制，以满足该机各种作业动作要求。

先导控制系统主要由油箱、先导泵、滤油器、压力选择阀、止回阀、先导阀、管路等元件组成。先导泵从油箱吸油，通过先导阀改变先导油流方向，先导油控制液控多路阀的换向，从而改变主油路油流方向，实现各执行机构的动作。

九、轮式装载机驾驶室与仪表 | 图37 驾驶室

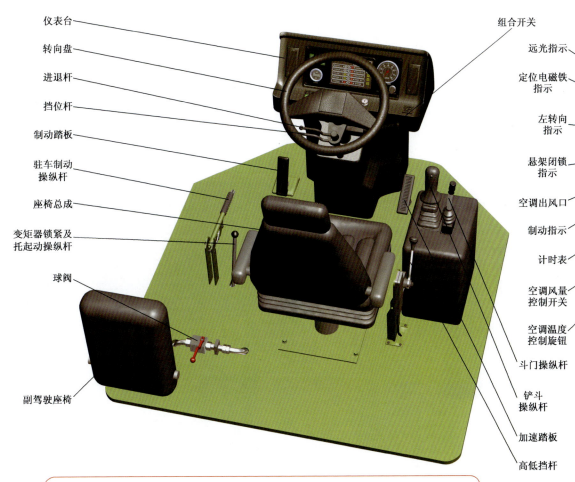

仪表台布置图

各操纵杆的操纵说明

（1）进退杆：前推——前进；后拉——后退；中位——空挡。
（2）挡位杆：前推——二、四挡；后拉——一、三挡；中位——空挡。
（3）高低挡杆：前推——低挡(一、二挡)；后拉——高挡(三、四挡)。
（4）铲斗操纵杆：前推——下降；前推到底——浮动；中位——静止；后拉——提升；左扳——收斗；右扳——翻斗。
（5）斗门操纵杆：前推——合并；后拉——翻开；中位——静止。

电子检测系统简介

本机采用的工程机械电子监测系统，是通过安装在装载机各部位的传感器实现的，可同时监测8个信号，即时显示数值，监测机械运行的工作状况。当机械的工况出现超常情况时，报警指示灯亮并发出报警信号，提醒驾驶人及时处理。

通过显示面板上的选择键，可以选择显示项目，按下报警蜂鸣器屏蔽键，报警蜂鸣器不再鸣响，但项目红灯和报警总灯不能屏蔽，继续闪烁报警，直到排除；当处理完后，工况恢复正常，屏蔽即自行释放。

图38 柴油机外形 | 十、轮式装载机动力系统

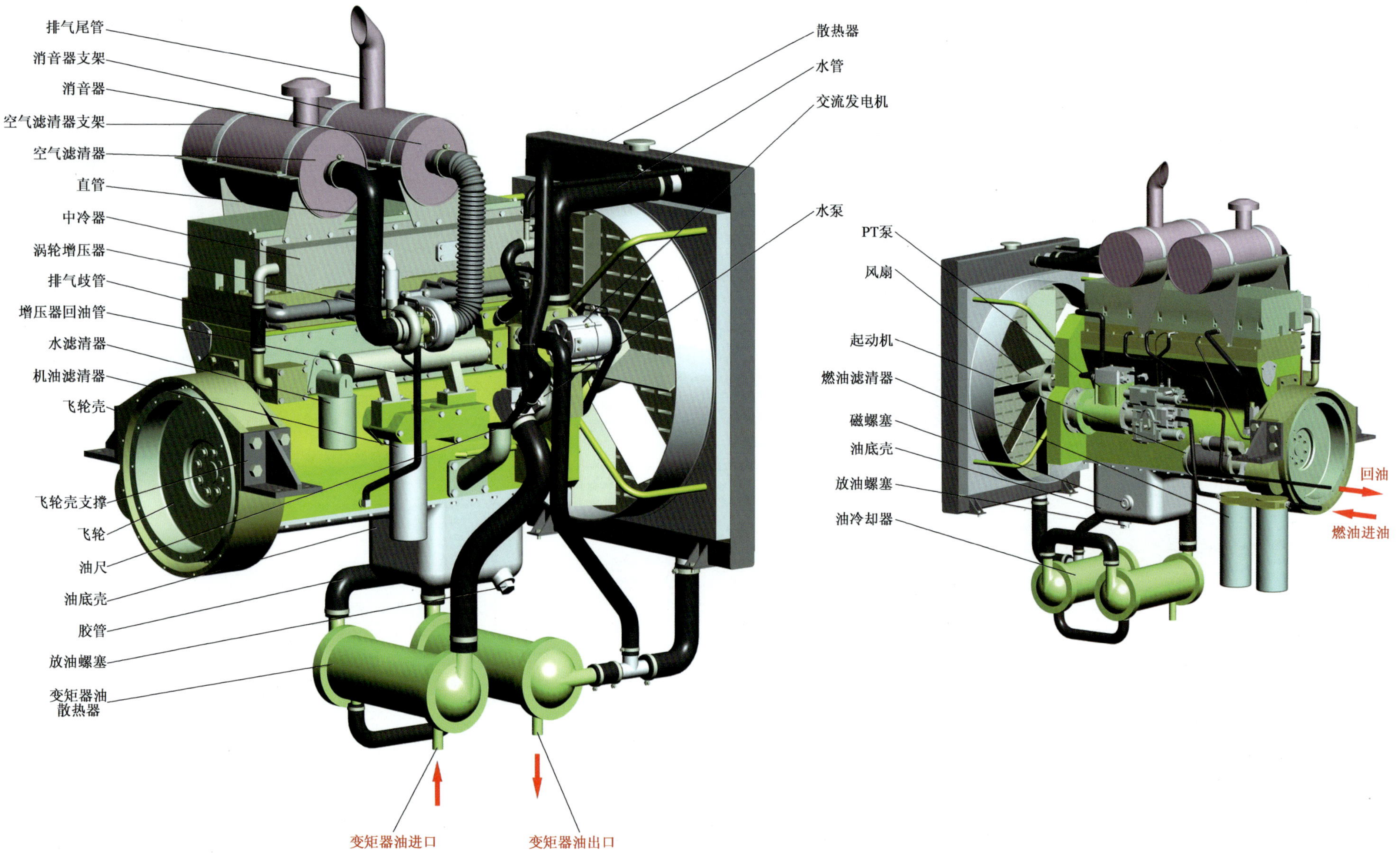

排气尾管
消音器支架
消音器
空气滤清器支架
空气滤清器
直管
中冷器
涡轮增压器
排气歧管
增压器回油管
水滤清器
机油滤清器
飞轮壳
飞轮壳支撑
飞轮
油尺
油底壳
胶管
放油螺塞
变矩器油散热器

散热器
水管
交流发电机
水泵
PT泵
风扇
起动机
燃油滤清器
磁螺塞
油底壳
放油螺塞
油冷却器

回油
燃油进油

变矩器油进口
变矩器油出口

十、轮式装载机动力系统 | 图39 柴油机结构

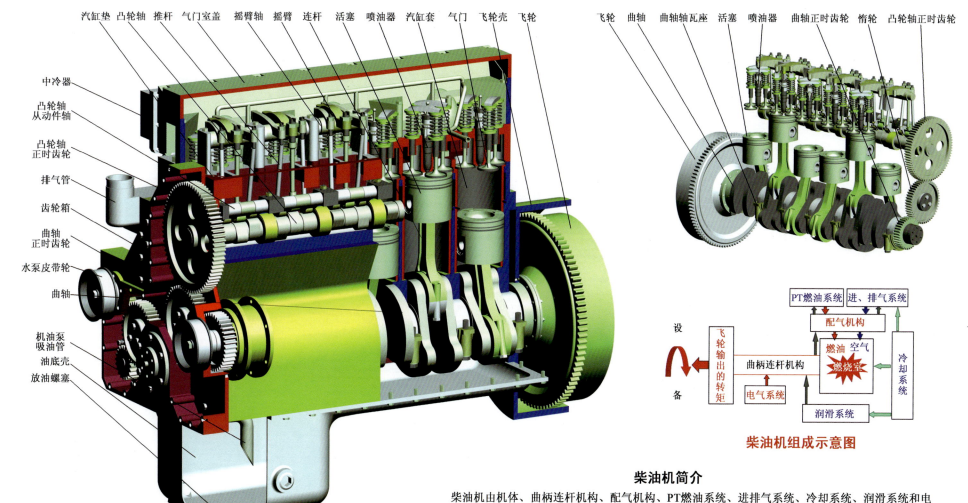

柴油机组成示意图

柴油机简介

柴油机由机体、曲柄连杆机构、配气机构、PT燃油系统、进排气系统、冷却系统、润滑系统和电气系统等组成。

其工作过程有四个行程：活塞由最上端向下运动，同时进气门打开，汽缸吸入空气，这一过程叫进气行程；进气行程结束时进气门关闭，活塞由最下端向上运动，汽缸内的空气被压缩，温度上升，这一过程叫压缩行程；压缩行程结束时，喷油器喷入的燃油遇到高温气体迅速燃烧，使汽缸内的温度和压力急剧上升，推动活塞向下运动，这一过程叫做功行程；做功行程结束时，排气门打开，活塞由最下端向上运动，废气排出。可见，在四个行程中，只有做功行程可以对外做功，其他三个行程则依靠飞轮的惯性来维持曲轴转动。

图40 柴油机配气机构 | 十、轮式装载机动力系统

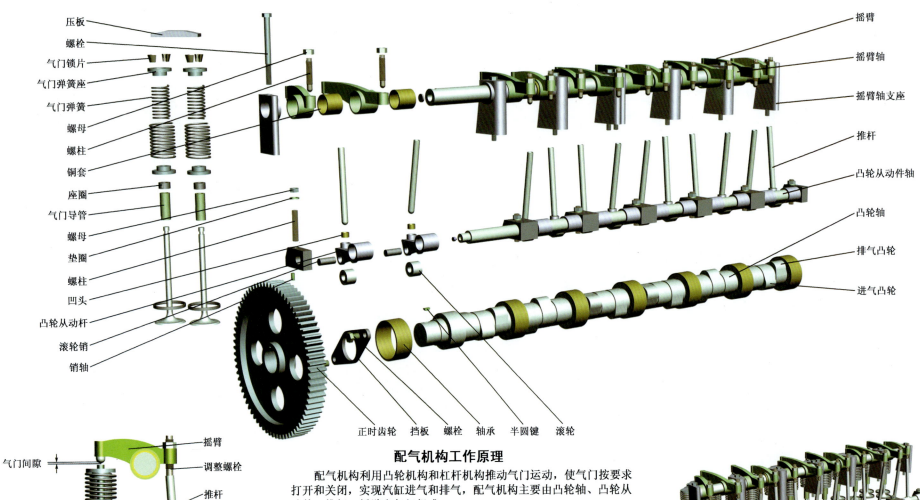

配气机构工作原理

配气机构利用凸轮机构和杠杆机构推动气门运动，使气门按要求打开和关闭，实现汽缸进气和排气，配气机构主要由凸轮轴、凸轮从动件、推杆、摇臂和气门组成。

在气门完全关闭的情况下，摇臂和气门间应有一定的间隙，称为气门间隙。气门间隙过小会使气门关闭不严，造成汽缸漏气；气门间隙过大会使气门打开时开度不够，造成汽缸进气不足。以上两种情况都会使柴油机功率下降。配气机构在维修或使用一定时间后，应调整气门间隙。

并且，应在气门完全关闭的情况下进行（使活塞处于上止点）气门间隙调整。调整方法是用螺丝刀转动调整螺栓：顺时针转动，气门间隙变小；逆时针转动，气门间隙变大。调整完成后将螺母拧紧，防止调整螺栓在工作时由于振动而变松，从而改变气门间隙。

正常值（冷态）
进气门：0.36mm
排气门：0.69mm

气门间隙调整图　　　　　　　　　　　　**配气机构整体图**

图41 柴油机曲轴连杆机构

十、轮式装载机动力系统

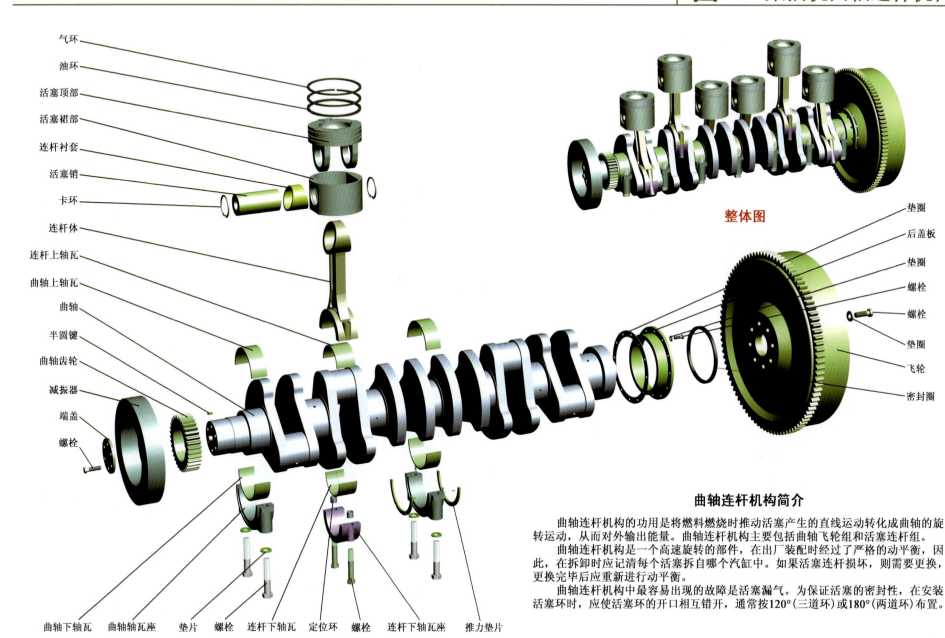

整体图

曲轴连杆机构简介

曲轴连杆机构的功用是将燃料燃烧时推动活塞产生的直线运动转化成曲轴的旋转运动，从而对外输出能量。曲轴连杆机构主要包括曲轴飞轮组和活塞连杆组。

曲轴连杆机构是一个高速旋转的部件，在出厂装配时经过了严格的动平衡，因此，在拆卸时应记清每个活塞拆自哪个汽缸中。如果活塞连杆损坏，则需要更换，更换完毕后应重新进行动平衡。

曲轴连杆机构中最容易出现的故障是活塞漏气。为保证活塞的密封性，在安装活塞环时，应使活塞环的开口相互错开，通常按120°（三道环）或180°（两道环）布置。

图42 柴油机增压系统 | 十、轮式装载机动力系统

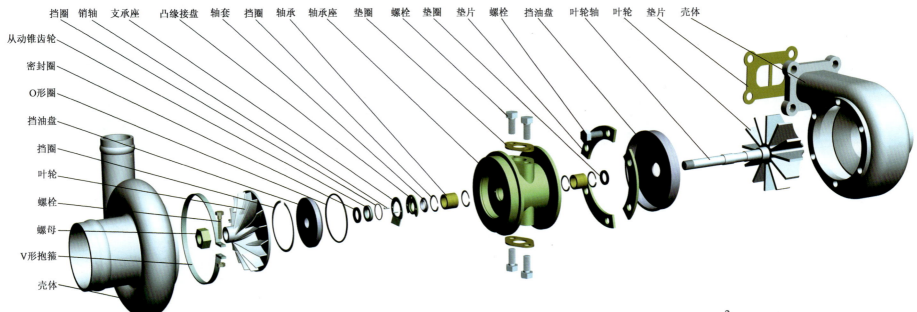

挡圈　销轴　支承座　凸缘接盘　轴套　挡圈　轴承　轴承座　垫圈　螺栓　垫圈　垫片　螺栓　挡油盘　叶轮轴　叶轮　垫片　壳体

从动锥齿轮　密封圈　O形圈　挡油盘　挡圈　叶轮　螺栓　螺母　V形抱箍　壳体

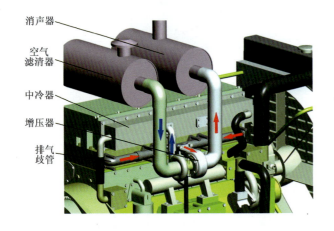

消声器　空气滤清器　中冷器　增压器　排气歧管

增压系统简介

增压系统的主要部件是增压器，增压器利用柴油机排出废气的动能推动排气侧叶轮旋转，然后带动进气侧叶轮旋转，利用高速转动产生的离心力提高空气压力，从而提高汽缸的进气量。

由于增压器的转速很高，因而，润滑显得非常重要。使用时应注意以下几点：

（1）柴油机起动后不要立即加速，应低速运转一段时间，等机油压力正常后再加速，开始正常工作。

（2）发现机油压力下降后应立即停机，排除故障后再继续工作，否则，增压器会很快损坏。

（3）应经常检查增压润滑油管，如发现漏油，应立即排除。

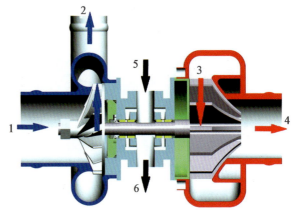

1-来自空气滤清器的空气；　2-去中冷器；
3-来自排气歧管的废气；　　4-去消声器；
5-来自机油滤清器的机油；　6-去油底壳

增压器工作原理图

十、轮式装载机动力系统 | 图43 柴油机燃油系统

燃油系统组成

本机燃油系统的作用是根据工作要求将定量燃油送入柴油机汽缸。本柴油机采用PT燃油系统，主要由燃油滤清器、PT泵、喷油器和管路等组成。字母P代表压力，字母T代表时间。PT燃油系统每次喷入燃烧室的燃油量由供油时间和燃油压力共同决定。PT泵的作用是根据柴油机转速和加速踏板位置，将一定量的燃油送入喷油器。喷油器的作用是在驱动机构的驱动下，将燃油加压后喷入燃烧室。

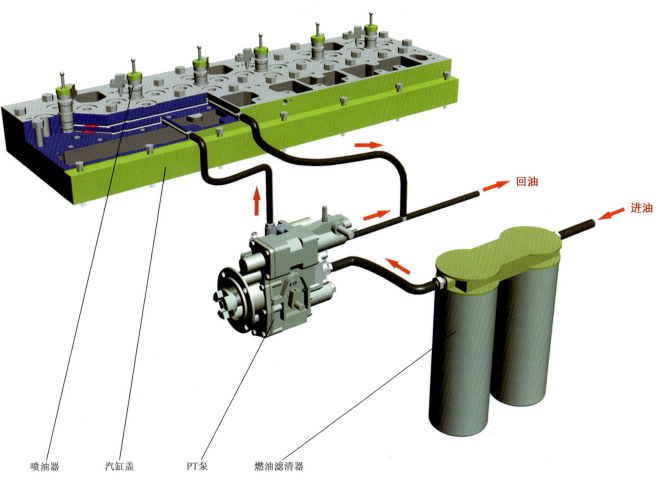

回油　进油

喷油器　汽缸盖　PT泵　燃油滤清器

喷油器驱动机构图

图44 柴油机燃油系统——喷油器 | 十、轮式装载机动力系统

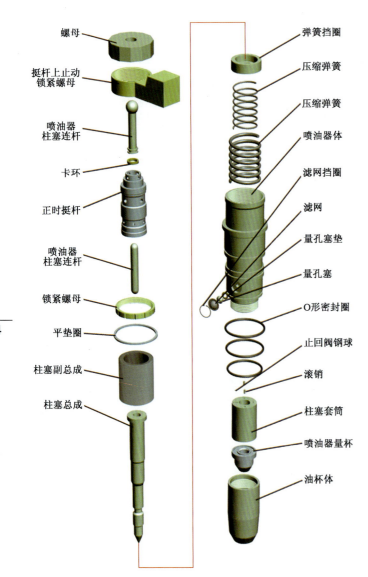

螺母
挺杆上止动锁紧螺母
喷油器柱塞连杆
卡环
正时挺杆
喷油器柱塞连杆
锁紧螺母
平垫圈
柱塞副总成
柱塞总成

弹簧挡圈
压缩弹簧
压缩弹簧
喷油器体
滤网挡圈
滤网
量孔塞垫
量孔塞
O形密封圈
止回阀钢球
滚销
柱塞套筒
喷油器量杯
油杯体

喷油器工作过程简介

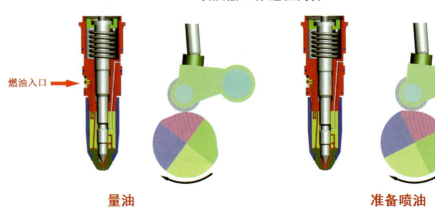

量油

凸轮轴在基圆上运行，喷油器柱塞在弹簧作用下位于最上端。燃油经图示通道进入喷油器下端。进油量由燃油压力(P)和进油时间(T)决定。

准备喷油

凸轮轴开始由基圆向顶圆过渡，柱塞下移将进油口堵死，喷油器下端形成封闭空间，燃油压力开始上升，做好喷油准备。

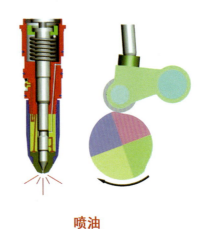

喷油

凸轮轴由基圆向顶圆过渡，柱塞由最上端向最下端移动，将喷油器下端封闭空间内的燃油以约102MPa的压力喷入燃烧室。

清扫

凸轮轴在顶圆运行，柱塞位于喷油器最下端，回油通道打开，多余燃油经图示油道回燃油箱，对喷油器起冷却作用。

十、轮式装载机动力系统 | **图45** 柴油机PT泵

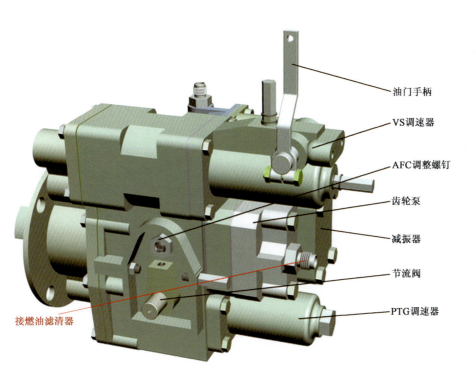
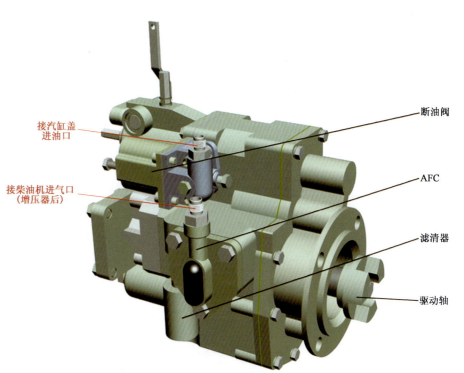

PT泵组成与作用

　　PT泵是PT燃油系统的核心部件，由齿轮泵、减振器、PTG两速式调速器、节流阀、VS全程式调速器、断油阀、空气-燃料控制装置（AFC）组成。
　　PT泵的主要作用是根据加速踏板位置和柴油机转速控制进入喷油器的燃油量。装载机由于负荷变化剧烈，实际使用时，只使用VS全程式调速器，节流阀应固定在全开位置。

图46 柴油机PT泵分解 | 十、轮式装载机动力系统

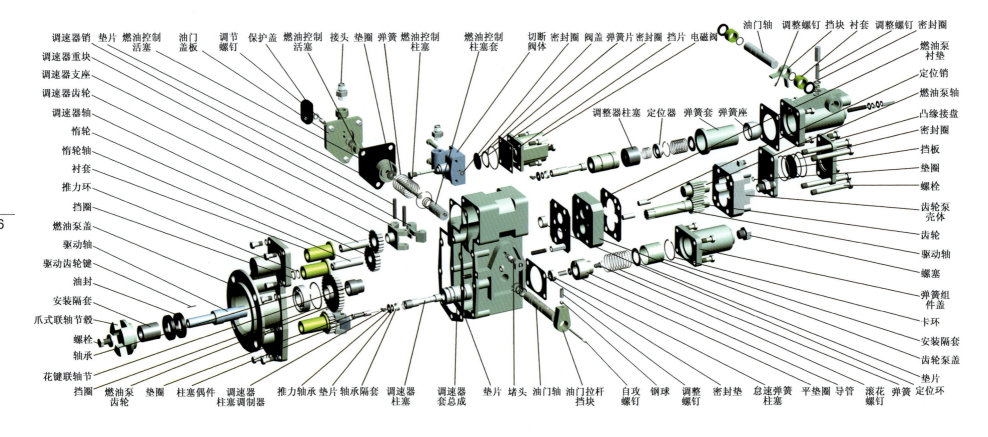

十、轮式装载机动力系统　图47　柴油机冷却系统

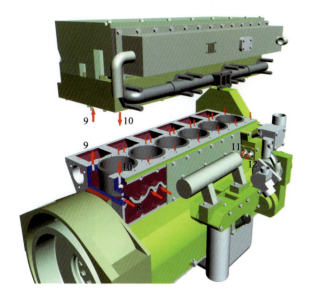
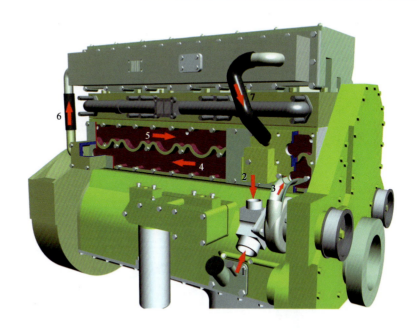

1-散热器来水；
2-节温器来水；
3-水泵出水；
4-主进水道；
5-主回水道；
6-中冷器进水；
7-中冷器回水；
8-汽缸进水；
9-汽缸盖进水；
10-汽缸盖回水；
11-机油散热器进水；
12-机油散热器回水；
13-去散热器；
14-去水泵

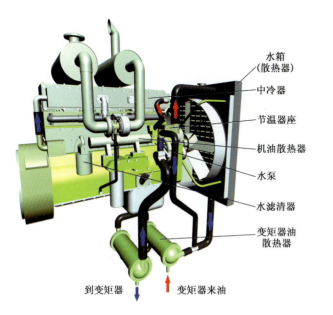

水箱（散热器）
中冷器
节温器座
机油散热器
水泵
水滤清器
变矩器油散热器

到变矩器　　变矩器来油

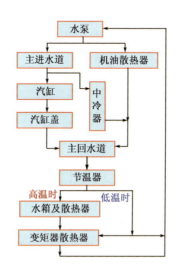

水泵 → 主进水道 / 机油散热器 → 汽缸 / 中冷器 → 汽缸盖 → 主回水道 → 节温器 → 高温时：水箱及散热器 → 变矩器散热器；低温时直接回水泵

冷却液循环途径图

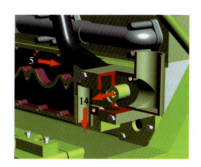
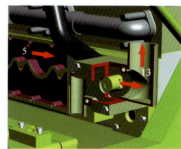

冷却系统工作原理

　　冷却系统的作用是利用冷却液的循环流动，冷却汽缸、汽缸盖和机油，使柴油机温度保持在合理的范围内，保证柴油机正常工作。其主要由水泵、水箱及散热器、节温器、水滤清器和管道组成。

　　节温器的作用是根据柴油机温度，自动控制冷却液流向：高温时冷却液流向水箱及散热器，降温后流回水泵；低温时冷却液不经水箱及散热器直接流回水泵。

47

图48 柴油机润滑系统 | 十、轮式装载机动力系统

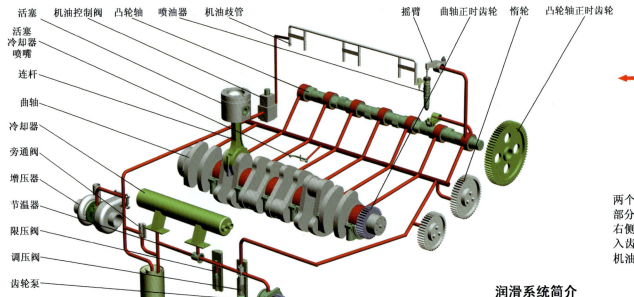

标注：活塞、活塞冷却器喷嘴、连杆、曲轴、冷却器、旁通阀、增压器、节温器、限压阀、调压阀、齿轮泵、滤油器、机油控制阀、凸轮轴、喷油器、机油歧管、摇臂、曲轴正时齿轮、惰轮、凸轮轴正时齿轮

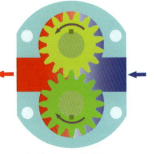

齿轮泵工作原理

齿轮泵由两个齿轮和壳体组成，两个齿轮将壳体内的空间分为两个部分。工作时，齿轮每转过一个齿，右侧空间变大，油底壳的机油被吸入齿轮泵，同时，左侧空间变小，机油被加压后输入润滑系统。

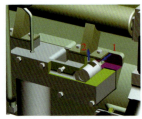

高温时节温器关闭

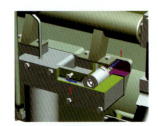

低温时节温器打开

1-机油泵来油；2-经冷却器去机油滤清器；3-直接去机油滤清器

节温器工作原理

润滑系统简介

润滑系统的功用是将机油送到柴油机有相对运动的零件表面，减少零件的磨损。主要由机油泵、压力调节阀、压力限制阀、机油冷却器、机油滤清器以及油道等组成。

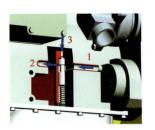    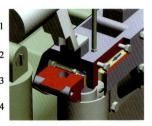

压力调节器关闭　　压力调节器打开　　压力限制器关闭　　压力限制器打开　　旁通阀关闭　　旁通阀打开

1-来自机油泵；2-去主油道；3-来自主油道；4-泄油口

1-弹簧；2-阀芯；3-油泵来油；4-机油滤清器

压力调节器工作原理

压力调节器的作用是调节润滑系统的工作压力。从主油道来的机油作用在压力调节器柱塞的顶端。当柴油机转速低时，机油压力低，柱塞在弹簧作用下位于阀体的最上端，此时从油泵来的机油全部流到柴油机主油道；当柴油机转速升高时，机油压力也升高，柱塞在顶端机油压力作用下向下移动，部分来自机油泵的机油经泄油口流回油底壳。柴油机转速越高，泄油口流量越大，从而使主油道的压力保持在正常范围内。

压力限制器工作原理

压力限制器的作用是限制润滑系统的最高压力。由主油道来的机油作用在盘阀上。当压力低时，盘阀在弹簧作用下压紧在阀座上，机油向下的通路被切断；当机油压力超过润滑系统允许的最高压力时，盘阀被机油推离阀座，机油向下流回油底壳，使系统压力不再升高。

旁通阀工作原理

旁通阀的作用是当机油滤清器滤芯堵塞时，机油不经过滤清器直接流到主油道，以防止损坏滤芯、避免润滑系统缺油。滤芯没有堵塞时，滤芯内外压差小，旁通阀关闭，机油经过滤芯过滤后流向主油道；滤芯堵塞时，滤芯内外压差变大，旁通阀打开，机油经过旁通阀油道直接流向主油道。

十一、轮式装载机润滑与维护 图49 轮式装载机润滑与维护

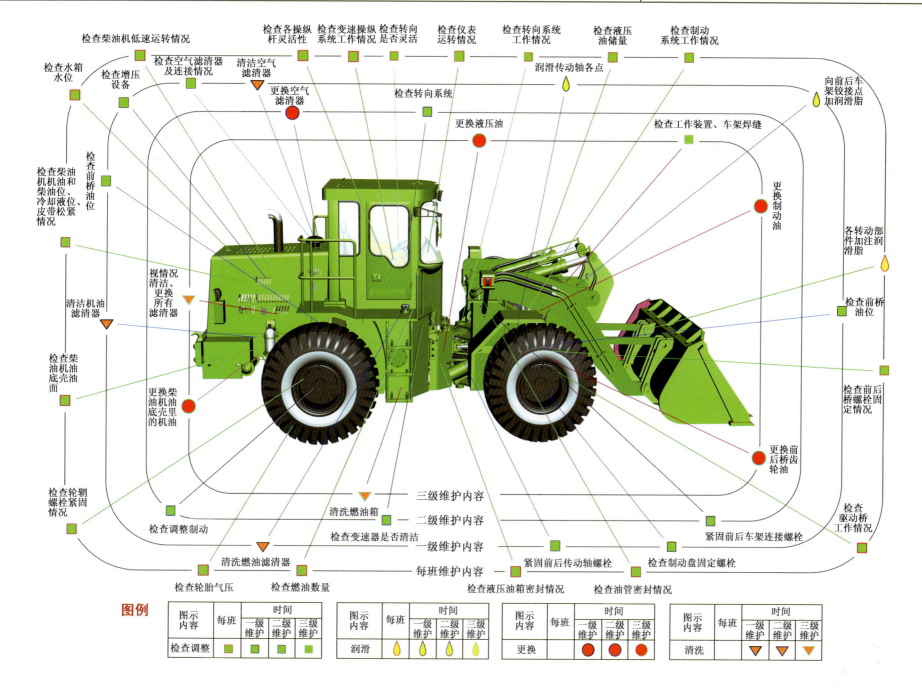